もくじ

今西錦司　生物レベルでの思考

直観と自然

私はとかく直観にたよりがちである。処世のうえにも、あるいは研究のうえにも、しばしば直観が用いられていることは、自他ともに許すところではあるが、どうもこれは、私の長所であるとともに、また私の欠点にもなっているらしい。なぜかというと、直観はうまく当たればすばらしいけれども、かならずしも百発百中というわけには、ゆかないからである。したがって科学のように、百発百中をねらう傾向のあるものにとっては、直観はその方法論として、なじみがたいところがあるのはやむをえない。けれども百発百中をねらいすぎて、科学はみずからを矮小化しているきらいが、ないでもない。

直観はうまく当たればすばらしい、といったが、すこし具体的な例をあげてみよう。私はいままでもしょっちゅう山に出かけているが、道のないところを歩いたり、霧に巻かれたりしたときには、もっぱら直観にたよって歩くしか仕方がない。そういうとき、直観がよくきいていれば、かならず自然に自分の望んでいるところへ出られるのである。これを結果的にみると、直観が当たってすばらしいということになるけれども、行為の最中には没我というか、いわば捨て身で行為している。これも後から考えていうことだが、哲学者の西田幾多郎がいう行為的直観とは、ああいう心境を指したものかもしれない、とおもったりする。

いまはもうやめているけれども、ひと頃の私は、渓流釣りにこっていた。渓流釣りは足で釣るものだといわれる。自分で歩いて魚のいるところを、まず見つけねばならない。見つけるといっても、魚の泳いでいるところを見つけるのでない。魚の姿は見えないけれども、魚のいるところを見つけるというのであるから、そこに心眼というか勘というか、つまり直観のはたらく余地ができてくる。それで、直観のよくきいている日には、魚は見えなくても、あすこにいるなということがわかり、そこへ餌(え)さを流せば、かならず釣れるということになるのである。もちろん釣りが目的なんだから、釣れねばおもしろくないし、釣れるならたくさん釣れるにこしたことはないであろう。しかし、釣ろう釣ろうとむやみにあせってみても、釣れるものではない。魚がおらなかったら釣れるはずはないし、またおっても、魚の食いのよい日もあれば悪い日もある。いまになって考えると、直観がきいてよく釣れた日というのは、なにかひとりでに釣れたような気がしないでもない。

こうした経験をもとにして、もすこし理屈をつけてみると、直観があたるとか、よくきく日というのは、まず身体が――とくにその感覚が――せいせいと冴えきっていることが必要であり、そのうえいっさいの雑念をすてて、その身体を環境にゆだねることが、できた日であるようにおもわれてくる。ところでこうしたことは、四六時中意識が過剰にはたらき、あれがしたいとかあれがほしいとかおもってくらしている、現代人の生活とは、およそ反対なことばかりである。これでは現代人に直観を説いても、どこまで理解できるかさえ疑わしい。

そもそも人類以外の動物や、人類にしても言語使用以前の古代人が、過ちなく生活して、今日まで子孫をのこしつづけてきたというのは、本能といったようなわけのわからぬものに操られていたからではなくて、彼らの身体にそなわったこの直観という能力を、フルに発揮してきたからだ、と私はしだいに考えるようになった。だから、この過去何千万年にわたる生活の指針をすてて、人類だけが直観という能力を鈍らせても、それで未来を生き抜いていけるだけの自信が、はたしてどこにあるのだろうか。すでにいろいろな危機の到来が叫ばれているけれども、もとをただせば、それは人類がこの直観ということを、軽視しだしたことによるのではなかろうか。

ではどのようにしたら、各人にまでもう一度、直観という能力を恢復さすことができるであろうか。方法はいろいろあるだろうけれども、これも私の経験に徴していうならば、なにはともあれ自然にかえれ、である。それが山登りであっても、魚釣りであってもよいから、とにかく自然にひたり、自然にとけこむことによって、過剰になった意識と欲望から解放されたならば、それと反比例して、直観力はおのずから充実してくるだろう。自然の中で培われたものは、やはりときどき自然にかえしてやる以外に、生気を存続さす道がないのかもしれない。

（一九八〇年　七八歳）

曼珠沙華

曼珠沙華（まんじゅしゃげ）のことを、ヒガンバナともいう。九月のお彼岸のころに咲くからである。うちの庭のヒガンバナも、年々咲く花の数がふえて、今日は九月十八日であるが、庭一面にヒガンバナの花ざかりである。今年の夏はどこも冷夏であるといわれ、温度も低く、また日照量もすくなかったはずだが、それにもかかわらず季節がくるとちゃんと花を咲かせるところは、いみじくもしおらしい。

二、三日来の好晴に浮かれてか、見ているとこのヒガンバナのお花畑へ、チョウが蜜を吸いに訪れてくるのである。なかでもアゲハチョウ科のチョウが多くて、ナミアゲハやクロアゲハがつぎからつぎへと訪れてくる。いまごろこんなにたくさんのチョウがいたのか、とおもうぐらいである。昨日の午後にはそれらの中にまじって、一匹のモンキアゲハが、後翅にある黄白色の大紋も鮮かに、花から花へと飛びまわっていた。私もこの京都に長らく住んで、若い頃には昆虫採集もやっていたことがあるけれど、この地でモンキアゲハを採集したことなど一度もなく、せいぜい一、二回目撃したことがあるにすぎないのである。だから、どこから迷いこんできたのかしらないが、わが家の庭のヒガンバナを訪れてきたモンキアゲハをみて、私は心なぐさめられるおもいがした。多分これと同じチョウであろう、今日の午前にもふたたびモンキアゲハの来訪を受けたのである。

ところで考えてみると、ヒガンバナという植物は、花は咲いても実はならない。繁殖はもっぱら地下茎によっているというのである。つまり花は咲いても、昆虫によって受粉作用を助けてもらう必要がないのである。すると、ヒガンバナはいったいなんのために蜜を用意して、アゲハチョウたちの訪れを誘っているのだろうか。あるいはなんの効用があって、ヒガンバナはその花蜜を貯えるようになったのだろうか、とダーウィン[1]流の進化論者なら首をひねるかもしれない。そしておそらく、ヒガンバナもかつては昆虫による受粉作用をとおして果実をみのらせ、それによって繁殖していたときがあったにちがいない。ヒガンバナの花蜜はその頃の名残りを現わしたものであろう、というような推測をたてて、自己満足をはかったかもしれない。
しかしこれは、なんという了簡のせまい自然観であるだろうか。ということは、こういう自然観のもとに眺められた動物や植物は、みなそれぞれの利益のために汲々としていて、一しょに同じ土地でくらし、一しょになって自然というものをつくっている、他の種類の動物や植物のことを、一切無視して顧みないものである、という前提に立っているから、了簡のせまい自然観だ、といったのである。自然はもっとのびのびとしていて余裕に満ち、その余裕をもって他の種類の生物を、助けていると見られないものだろうか。ヒガンバナの花蜜もその余裕の一つであって、自分たちのためには直接の役に立たなくても、それがアゲハチョウの好きな食物として役立っていたら、それでヒガンバナの花蜜の存在意義を認めたことにならないだろうか。

　このように視点を変えて自然界を眺めると、たとえば植物などというものは、つねに余裕綽々としている。小はダニや昆虫から大は哺乳類に至るまでのあらゆる動物に、食われ放題である。これを植物の立場にたてば、それだけの動物を養っているといえないこともない。

　これが動物同士である場合には、食うものと食われるものとの関係が、いきおい血生臭いものとなって、生存競争とか弱肉強食とかいうことを連想しがちであるけれども、それはどこまでも個体の立場に焦点を合わそうとするから、そうなるのであって、すべての個体をその中に包みこんだ種の立場に、焦点を合わせかえたならば、種はすこしぐらいの個体が食われたって、べつに痛痒(つうよう)を感じていないようにみえる。私はアフリカで、何万というウシカモシカやシマウマの移動を眼のまえにしたとき、こんなにたくさんいるのなら、その余裕で少々のライオンを養ってやっても、不都合は生ずるまい。むしろそれによって養われているライオンの数が、すくなすぎはしないか、とおもったぐらいである。

自然に生活している生物は、つねに余裕をもった生活をしている。そしてその余裕を惜し気もなく利用したいものに利用さしている。われわれはそれをとかく無駄であるとか、浪費であるとかいうように解しがちであるけれども、自然はそんな我利我利亡者(がりがりもうじゃ)の寄り集りではない。もしそんな我利我利亡者ばかりの寄り集まりだったら、このような美しい自然は、とうてい形成されなかったであろう。ヒガンバナの花蜜は、その持ち主のためには何の役にも立たなくても、その花を訪ねてきたチョウのために役に立っておればそれでよいのだ、といっておいた。

すると花蜜だけでなくて、ヒガンバナのあの赤い、美しい花も、自分のために役立つものでなくて、チョウを誘うのに役立つだけのものであるかもしれない。しかし、こういうことができるというのは、生活が保証され、生活に余裕があるからできるのであろう。そうおもってもう一度自然を見直したならば、至るところにこのような自然の過剰エネルギーが、自然の芸術ともいいうるものに姿を借りて、発露しているのでなかろうか。

（一九八一年　七九歳）

虫の音

われわれは虫の音を聞いて、楽しむであろうか。楽しむというよりも、もっと深く感ずるものがないだろうか。トリの声もよいにはちがいないが、トリよりももっと非人情な虫の音のなかにこそ、なにかもっと直接に、もののあわれを伝えるものが、ないであろうか。

都会にすんでいては、しかし、もののあわれもあったものではない。われわれは縁日でひさぐ、マツムシ・スズムシ・クツワムシといったたぐいの、なかば家畜化した虫、われわれがその音を楽しむために、育てあげた虫を知るのみである。それは養殖のウナギや、放流のアユと大差のない、人間の製品である。たしかにスズムシなどでは、野生のものの音色は幼稚であり、かぼそくて、深く楽しめるものでないかもしれないが、私はそれでも野生のものでなくては、ほんとうに聞いてもののあわれを感ずることは、できないのでなかろうかとおもう。

自然の中にあって、自然のものとして聞く虫の音であってこそ、もののあわれも感ぜられるのである。そういえば、町にすんでいても、まだいろいろな虫の音が、聞こえてくるはずである。庭の芝生ではまだ梅雨の明けきらぬうちから、あの小さいながらも情熱的な、マダラスズのリーッ、リーッという音が、聞こえる。積雲の一角が崩れて金色に輝く夕方には、豆腐屋の笛の音やニイニイゼミの声にまじって、どこかの庭の木立から、ヤブキリのチリリリリーという爽やかな音が、聞こえてくる。そのときわれわれは、今年もまた夏になったな、と思うのである。

　朝寒むを覚える八月の末、九月のはじめともなれば、草むらにすだく虫の音も、おのずからその種類をます。チチチチチ、どこからあんな可憐な音が聞こえてくるのだろうと思い、書物からしばし眼をはなしてあたりをさがすと、一匹のカネタタキが、天井にとまっていたのである。ナミコオロギがかまどの下で忙しく、ツヅラサセ、ツヅラサセと鳴き、ウマオイが蚊帳(かや)にとまって、スーイッチョ、スーイッチョと鳴くようになると、ゆで豆屋や焼栗屋の呼ぶ声とともに、もう夕涼みも氷店のあかあかとした電灯の光りも、なんとなく落ちつかなくなり、そのざわめきの中に夏の去りゆく哀愁をおぼえる。

このころの郊外はよいかな。初秋の空はすみ、冷風は颯々（さつさつ）として袂（たもと）をはらう。虫の音——エンマコオロギのコロコロコロリー、オカメコオロギやミツカドコオロギのジッ、ジッ、ジッ、ジッ、ササキリ類のジリジリジリー、クサヒバリやヒゲジロスズのフィリリリリー、イブキギスのリィリ、リィリ、カンタンのフィリ、フィリ、フィリなど。夜になって満月は皎々（こうこう）とさえ、葉末におく露の玉がきらきらと輝く野辺に立てば、これらの音に和してなお、セスジツユムシのキチキチキチ、ギーチ、ギーチ、エゾツユムシのシーキチキチ、シーキチキチ、クサキリ・クビキリバッタのジーッと長くひく音、もちろん野生のマツムシ・スズムシ・クツワムシの音も、これに加わる。

異国に旅して、人間の風俗言語が変わるのと同じように、そこで鳴く虫の音までが異なって聞こえるときには、たしかに旅情の高まりをおぼえ、われわれの好奇心は、いっそう潑溂（はつらつ）としてくるにちがいない。けれどもまた、潤いのない異国の生活の中にあって、たまたま、野生のスズムシの、あの故国で聞いたのと同じ可憐な音を聞いたときほど、しみじみと旅情をそそられるときも少ないであろう。

もしまた、蒙古高原へ行って、満目蕭条(まんもくしょうじょう)(1)とした荒野の中に、一匹の虫さえ鳴かぬ秋を経験したならば、もののあわれはいうもさらなり、虫の音を楽しむ余裕さえ、もたぬと思っていた都会人でも、きっとなにか物足りなさを感ずるとともに、都会生活では忘れていたものを思いだし、虫の音の聞こえぬ秋なんて、まったく秋の資格がありはしない、とつぶやくことであるだろう。

(一九四〇年　三八歳)

暑さを忘れる

夏は暑いにきまっている。暑いから夏なんだ。ルームクーラーなんかに頼るから、戸外へ出ると、いっそう暑く感じるのかもしれない。心頭を滅却すれば火もまた涼し、という言葉がある。なかなかそうはいかないにしても、要は暑さを忘れることが、できればよいのではないか。

暑いのにまた山登りですか、というひとがある。山登りはたしかに暑い。汗がたらたら出てくる。好きでなかったら、やれるものではない。いま、尾根をあえぎあえぎ登っているところである。あるところまで登りつめて、ふと気がつくと、ふしぎな音が聞こえてくる。谷を流れる水の音にはちがいないのだが、よく耳をすませて聞いていると、その音が高くなってみたり、低くなってみたりする。風のいたずらか、と疑ってみたが、風はどこにも吹いていない。聞いているうちにもその音は、また高くなったり、低くなったりする。

一般に谷というものは、上流にゆくにつれて、いくつにも枝分かれし、最後にはその小谷が急斜面をはい登っている。そして、梅雨明けごろの日本アルプスだと、まだその源頭に、豊富な残雪のみられることが多い。あの音は、そうした残雪の雪どけ水が、急斜面を流れ落ちてゆく音であって、もうすこしまえで、まだ雪渓が小谷を埋めつくしていたときだったら、あるいは源頭の残雪がすっかり融けてしまったあとだったら、もうこの音は聞きたくても、聞きようがないのである。それは、ひと冬のあいだ、雪という形で山に張りつけられていた水が、いままさに液体の自由を取りもどし、喜び勇んで山を駆けくだってゆくときの、歓声なのかもしれない。

それにしても、どうしてその音に高低抑揚があるのだろうか。私はまずヒマラヤで経験した、「午後の洪水」を思いだす。雪どけ水は、ある程度までは雪のなかに保有されているけれども、その限度がすぎると、一時にどっと吐きだされるのをいうのである。日本の山の小さな残雪にも、これと同じような現象が、みられてよいのでなかろうか。小さな残雪ほど保有の限界が低く、そのかわりに、一日のあいだに何回も、雪どけ水を吐きだしているかもしれない。つぎにそうした残雪が、各小谷の源頭にあるとすれば、それぞれの小谷から流れでる雪どけ水のリズムが、重なりあって、そこに高くなったり低くなったりする一つのシムフォニーをかもしだすのであるまいか。この説明の当否はとにかく、この音に耳を傾けていると、暑さを忘れる。

もすこし身近かな話をしよう。昼寝というのも昔から夏につきもので、眠らなくても、昼食後一時間ぐらい横になるのが、よいらしい。横になっても、べつに涼しくなるわけではないが、そうしながら庭の木でなくセミの声に耳を傾けていると、ふしぎと暑さを忘れるのである。朝からなきしきっていたクマゼミが、なき止んで、昼寝のころになくセミは、その声にいくらか渋ぶ味のあるアブラゼミである。何匹でないているのかわからぬが、とにかく合唱であって、よく聞いていると、そこにもやはり高低抑揚がある。それぞれのセミが、まるで意識して合唱しているかのようである。芭蕉の句に、

閑(しずか)さや岩にしみ入る蟬の声

というのがある。これだけではこのセミの種類を判定しかねるが、私は芭蕉もきっと、このアブラゼミの合唱に、耳を傾けていたのでないか、とおもうのである。

なくのはオスだけで、それによってなかないメスを誘うのだと、もっともらしくいうけれど、どのオスもみな合唱に夢中で、セックスのことなど忘れているかのようである。セックスは、このすばらしい合唱を、われわれと同じようにしずかに聞き入っていたメスから、その熱演にたいしてさしだされる、いわばご祝儀のようなものであろうか。

（一九七八年　七六歳）

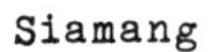

Siamang

Baboon

わが道

一

青年時代というものは、夢が多く気が多すぎて、なかなか一つのことに集中できない。やりたいことがそれほど多いのである。しかし、それをだんだん整理していって、あきらめるべきものはあきらめ、結びつけることのできるものは、一つにまとめるというようなことによって、ほんとうに力の打ちこめる、やりがいのある仕事というものを、見いだしてゆくのである。

私は、中学のころは昆虫が好きで、一〇人ほどの仲間でつくっていた同人雑誌に、生意気にも「日本アルプスの高山蝶」という一文を、寄稿したことをおぼえている。そのころの昆虫学というのは、まだ分類学の全盛時代であった。昆虫が好きだった私の夢の一つには、だから、将来昆虫学者となって、あるグループの昆虫の、分類の専門家になりたいという夢が、あったかもしれない。

私の父は、私が大学にはいるまえに亡くなった。父もうすうす私のこうした夢に気がついていたものか、ある日病室に私を呼んで、おれが生きていたら、おまえに好きな学問をさせてやるつもりだったが、もうそういうわけにもゆかなくなった。大学はもうすこし金もうけにつながるような学科をえらべ、といったものだ。それにもかかわらず、私は京大の農学部に入学し、農林生物学科でやっぱり昆虫学を専攻することになる。

高等学校の動物の先生は、たいへん親切な方だった。私の志望を察して、大学の先生方に紹介してくださったり、また昆虫は理学部でもやれるよといって、それとなく理学部の動物学科にはいることを、すすめられたりもした。そのころのことだから、理学部だって、もちろん入学試験などはなかった。ところで私に農学部入学を最終的にきめさせたものは、じつをいうと、まったく別のところにあった。それは山である。

その年、私と友人は、剣岳(つるぎだけ)の源治郎尾根の初登攀(はつとうはん)をねらい、夏休みになるのを待って、ただちに出発する計画をたてていた。しかるに理学部の動物へはいると、一年生は夏休みのはじめに、瀬戸の臨海実習に行かねばならないことが、わかったのである。もし、そんなことをしているあいだに、だれかによって初登攀が成しとげられてしまったら、どうする気か。考える余地すらないことだと思って、私は山の呼ぶ声にしたがい、理学部をすてて農学部を選んだのである。

この私の山と私の昆虫学とは、案外早く結びついてしまった。山の中を歩きながら、私はふと一匹のバッタが、フキの葉を食っているのに眼をとめた。いままでの私の習性にしたがえば、ここで私はそのバッタを捕らえて、ポケットから取りだした毒びんにほうりこむか、それだけの価値がないと見た場合には、そのまま見過ごしてしまうか、そのいずれかしかなかった。そして、前者の場合には、家へかえってから、その死んだバッタをピンに刺し、標本箱に並べたうえで研究する。それが私の考えていた分類学であるとすれば、分類学とは、その材料集めのためにいかに野外をかけめぐろうと、けっきょくは室内で、死物を対象とした学問である、ということになるであろう。

私のいま見ているバッタは、そのような死物とちがい、生きて、葉っぱを食っているバッタであり、自然の中でこのようにして生きているバッタこそが、ほんとうのバッタなのだ。ここに一つの転機があった。死物を対象とした分類学の意義、あるいはその価値を無視しようというのではないけれど、私はこれから、死んだ生物でなくて、生きた生物を研究しなければならない。また、そうすること以外に、私の山と昆虫学とはどうにも結ばれようがない、という前途に対する見通しのようなものが、ここではじめて胚胎(はいたい)した。

当時はさいわい、生態学がわが国に定着しはじめたときであった。私はこの見通しを、生態学をやることによって実現しよう、と心にきめた。そして、クレメンツ(1)やエルトン(2)の本を読んでいるうちに、学問に対する新しい興味を覚えるようになった。それは、理論(セオリー)というものに対する興味であった、といいかえてもよい。

二

私はいつのまにか、理論に対して興味をおぼえるようになった、といったが、それはこういうことである。私ははやくから山をとおして、なまの自然の美しさというものについては、疑うところがなかったのであるけれども、このこととは別に、こんどはこの自然を説明するために提出された理論の、論理的構成の美しさといったものに、心を奪われたのである。

そして、心を奪われたということは、いわば簡単に、その理論の信奉者になってしまった、ということにほかならないが、私はいまでも、これは学問を志すものにとっては、その修業時代あるいは徒弟時代に、一度はかならずくぐらなければならない過程である、と思っている。

こうして、立派な理論を知ることができたとはいっても、私の生態学の実力のほうは、まだゼロに近いのだから、いよいよ卒業論文と取り組まなければならないというときになって、私ははたと行き悩んでしまった。なまの自然というものを相手に、どこから手をつけていったらよいのか、皆目見当がつかなかったのである。

さきほど私は、分類学をけなしたことになったかもしれないが、ほんとうの分類学者というものは、材料集めの経験から、たとえば植物の分類学者だったら、ある種の植物は、どういうところへ行けば見つかる、ということを、知っているにちがいない。私も中学時代から多少は昆虫採集をしてきたから、その経験を生かして、はじめはごく単純素朴な、どういう昆虫がどういうところに見いだされるかということと、それからもう一つ、そこでどういう他の昆虫といっしょに見いだされるかということとを、丹念に記録してゆこうと思った。私はこの仕事の場に、日本アルプスの渓流をえらんだ。そして、卒論だけはなんとかでっちあげたけれども、発表の日に聞きにこられた他講座の先生から、あとで、あれでもよいのかという駄目押しがあったというほど、心細い内容のものしかできなかった。

この心細さを引きおこした最大の原因は、採集品の種名がわからない、ということにあった。いまはそうでもあるまいが、当時はまだ日本の昆虫のあらゆるグループにわたって、分類が完成されているとは、いいがたかった。私が陸生昆虫を避けて、水生昆虫をえらんだ理由の一つにも、水生昆虫なら採集品を同定して下さる専門家にこと欠かないだろうという期待があったわけだが、この期待がじつはいくらか甘かったのである。

そもそも生態学が研究対象にしようとしている生物的自然というものは、分類学者の設定する種（スペシース）を、その構成単位としている。したがって、生物的自然のくわしい記述には、どうしても種名を用いる以外に、方法がないのである。生態学とはそれゆえ、分類学がある程度まで完成されたうえでなければ、成りたちにくい学問である、といえよう。

そのとき私は、生態学を思い切るか、そうでなければ、もうやらないことにきめていた分類学を、生態学を成りたたせるために、みずからすすんで取りこむか、という岐路に立たされていたわけだが、私は回りみちを覚悟のうえで、後者をえらび、カゲロウの分類をやることにした。カゲロウの幼虫は、池や湖にすむものもいるけれども、私の仕事の場である渓流には、とくに多産し、その種類数も豊富であるにもかかわらず、成虫を基準としなければならない分類のほうは、ほかの昆虫にくらべ、かなりおくれていたのである。

このようにして、一時私はカゲロウ屋に成り切っていたのだが、やがて私の眼を開かせるための、つぎの機会が訪れる。その場所は、京都の加茂川であって、そこにすむ四種類のヒラタカゲロウが、みごとな棲みわけをしていることを、私は発見したのである。しかし、この場合に問題は、発見ということにあるのではなくて、むしろこの発見された事実を、私が生態学の立場からどのように、またどこまで、説明しうるかというところにあった。いまこそ、私の信奉する理論の切れ味が、試されるのである。

三

進化というのは、生物学上の一つの事実である。一方には、この事実を説明するためにつくりだされた進化の理論というものがある。この二つは、とかく混同されやすいけれども、あたかも車の両輪のようなものであって、この二つによってうまく支えられていないところに、ほんとうの学問は成り立ちがたいであろう。

私の発見したヒラタカゲロウの棲みわけも、また一つの事実である。だから、この事実を説明する理論がなくてはならない。私はそれを、私の信奉する生態学の理論の中に求めたのであるが、いくらさがし求めても、ついに私の得心のゆくような理論を、見いだすことができない。

そうなると残された道は、もはや私自身の力によって、私が得心するような理論を、つくりだす以外にはない。私はあえてこの苦難の道をたどったのであるが、そのとき、理論づくりの土台となったのは、いったいどのような考えだったのであろうか。

その一つ。いままでの生態学では、種は生物的自然の構成単位であるというときでも、もっぱらばらばらな個体によって代表された種を考えていて、これらの個体の全体によって構成され、個体のすべてをその中に包含した、もう一段次元の高い、種そのものの具体的な存在様式を、見のがしていた。これは、個人を尊重する欧米の考え方からいえば、やむをえない帰結であったかもしれないが、これに対して私は、生物的自然のほんとうの構成単位は、個々の個体、あるいはその個体がある条件のもとにつくる集団ではなくて、それらのすべてからなりたった、一つの統一体としての種である、という見解を私の理論の出発点とした。

その二つ。いままでの生態学は、生物的自然を生物の地域集団に分類し、これを体系化することに終始してきたが、これはもともとそこに見いだされる雑多な生物を、十把ひとからげにする、いわば生物的自然の縦割りである。これに対し、かりに生物的自然というものを、いろいろな生物が寄り集まってつくる一つの全体社会と見るにしても、この全体社会の基本的な構成単位がそのような雑多な生物の任意集団であるはずはなくて、それはやはり、それ自体の内部において再生産の可能な、個体の統一体としての種をおいてほかには求めがたい、というのが私の見解であったから、私はこの社会構造論からみた基本単位としての種を、とくに「種社会」と呼ぶことにした。

したがって私の立場は、生態学のように生物的自然を縦割りにするのでなく、これを横割りにして、一つ一つの種社会を分析的にとりだし、生物的自然の中におけるそれらの位置づけを、明確にしてゆこうというのである。私の発見した四種類のヒラタカゲロウの棲みわけは、こういった見方に立つとき、けっきょく、相似た生活形をもった四種類のヒラタカゲロウの、四つの「種社会」によって構成された、一つの同位社会構造であった、ということになるのである。

カゲロウの研究をはじめてから、すでに数年たっていた。そして私は、いずれいつかはカゲロウの研究を、やめねばならないと思うようになっていた。カゲロウの棲みわけを説明するためにつくりだした私の理論でもって、どこまでひろく、また深く、生物的自然に切りこみ、これを解明することができるかを、早くためして見たかったのである。それでひとまず、カゲロウの研究だけで、学位論文をまとめてみることにした。

そのころすでに、私は農学部から理学部へ転籍していたから、この論文は当然、理学部へ提出したが、耳なれぬ理論に審査の先生方は、さぞかしお困りだったであろう。

私の著書『生物の世界』および『生物社会の理論』は、以上にのべてきた私の半生にわたる研究の、要約であるということができる。もし、その理論的構成が美しさを欠き、これらの書を読む人の心をとらえ、動かすことができなかったならば、それはまったく、私の力が足りなかったせいでしかない。

四

生態学をやろうと志していたにもかかわらず、私は生態学から離反するようなことになってしまったが、この離反は同時に、新らしい生物社会学への離陸を意味していた。つまり、生態学はこの離陸のための踏み台となり、滑走路となってくれたのである。

ところで、新らしい生物社会学を打ち立ててゆくためには、いままで考えたことのない問題と、あらたに取りくまねばならないことが、わかってきた。まず「種社会」を基本的な構成単位とみなす私の立場からいうなら、棲みわけとは、二つの「種社会」のあいだにみられる共存現象であり、進化とは「種社会」の分化であるとともに棲みわけの分化でもあるということにならざるをえない。こういうところから、生存競争や自然淘汰を前提としたダーウィン流の進化理論に対する、私の根深い不信と執拗な反論とが生まれてくる。

進化論もさることながら、新らしい生物社会学といったのは、集団すなわち社会と考える、従来からの人間中心主義的な生物社会学の存在を意識していったことなのである。新らしい生物社会学を樹立するためには、この古い生物社会学を研究して、これを乗りこえねばならないであろう。

あるとき、物理学をやっている友人が、私の部屋を訪れた。私はそのとき、エスピナス[3]を読んでいたのである。すると、かれがびっくりして、われわれのほうで文献といえば、せいぜい三年もまえまでさかのぼれば、それで十分であるのに、君のほうはそんな古典までひもとく必要があるのか、といったことが思いだされる。

集団すなわち社会と考えるかぎり、生物は何百万種類あろうとも、その中で持続的な社会をつくっているといえるものの数は、きわめてわずかで、古い生物社会学が代表的に取りあげたものも、昆虫ではアリやハチの仲間か、そうでなければ脊椎動物であるトリやケモノの仲間にかぎられていた。

しかるに人間からみたら、その個体が集団をつくらないで、ばらばらな生活をしているように見える生物にも、その個体の帰属する「種社会」を認めようという新らしい生物社会学の課題の一つは、こうした基本的で、そのうえ一般的な「種社会」から、どのようにして一般的でない特殊な社会ができあがってきたか、を解明することになければならない。

棲みわけを基軸にした私のいままでの研究は、生物社会の空間的配置が問題であり、その点では社会構造論だったのであるが、ここに与えられた課題は、生物社会の時間的変化が問題であり、したがってこれは社会進化論である。しかし、昆虫の社会進化に関しては、すでにいくつかのりっぱな業績が発表されていたから、ここでもまた私は、まだ十分に研究の進んでいない脊椎動物の社会進化を、そしてやがては、サルから人間への社会進化をえらんでこの課題と取りくむ覚悟だった。

そのころ私は、蒙古(4)へ出かける機会があったので、草原に放牧されたウマの群れや、野生のカモシカの群れなどを、そこはかとなく観察しているうちに、生物社会学から見た場合、群れとははたしてなんであるか、と設問するようになった。蒙古からは終戦で引きあげたが、この問題が頭にあったので、宮崎県都井岬の半野生馬を対象として、群れの研究をはじめた。そのときはじめて、一匹一匹のウマを識別して、それに名前をつける個体識別法を採用したが、これはかつて種名がわからないばかりに、生態学へはいりそこなったときの、苦い経験を生かしたのである。

そのうちに、はからずもこの都井岬でサルの群れを見いだし、それからの私のテーマは、予定どおりサルから人間への社会進化にしぼられてゆく。そして、古い生物社会学への批判とともに、このへんまでの足どりをまとめてみたのが、旧著『人間以前の社会』である。

一昨年(一九六七年)発足した京大の霊長類研究所[5]には、社会という部門が設けられている。これはいくつかあるアメリカの霊長類研究所にも例をみない部門である。私の生物社会学は、いまなお完成にほど遠いけれども、その執念が、ここにようやく一つの実を結んだ、といえようか。

五

蒙古からかえり、都井岬のウマをはじめたころであったろうか、私は選ばれて、教養部の動物学の教授になるよう、すすめられた。お選びいただいたことには重々感謝するが、そのころの私は、人類学を志向していた。それで、動物学の教授は一時の腰掛けでもよいかといったら、腰掛けならお願いしないといわれて、この話は立ち消えになった。

人類学にそれほど自信があったわけではないけれども、南洋・満洲・蒙古と歩いて、われわれとは生活様式を異にした連中と接触し、民族学の知識もそれなりに取りこんでいた。その後も人文科学研究所に移って、文化人類学的な仕事をあれこれと試みてはみたが、私の興味の中心はやはり、サルの社会から人間の社会へという進化を、さらに追いつづけて、人間社会にみられるいわゆる未開社会から文明社会にいたる進化までを、一つの統一理論によって解明できないだろうか、というところにあった。つまり、欧米流の人間中心主義や文明中心主義を脱却したところに、まだ見つかっていない進化の原理を、さがし求めようというのである。

やがて私は、ニホンザルと人間とのあいだをつなぐものとして、どうしても類人猿の社会を調査しなければならなくなり、そのため調査の場をアフリカに移すのであるが、そのとき類人猿班だけでなく、人類班をもあわせ設けて二本立てとしたのは、さきに記したような研究上のねらいがあったからである。しかし、類人猿までいっても、人間とのあいだの開きは、思ったより以上にひろく、人間社会の起原などというむずかしい問題は、容易なことでは解けそうにない。

それよりさきに私は、社会を構成している個体が、ばらばらな単独生活を送っているものとちがって、生まれたときから群れの中に組みこまれているようなもののあいだでは、その群れに属する個体から個体へと、直接に伝承されてゆく、いわば人間社会における文化現象にあたるような行動が認められてもよいことを示唆しておいたところ、その後宮崎県幸島（こうじま）のサルの群れに発生したイモ洗い行動その他で、このことが実証されるにいたった。

それとは別に、私はまた、ニホンザルの行動には、個体本位の行動と群れ本位の行動とがあることを、指摘した。前者は採食や発情処理などという、個体の平衡を維持してゆくための行動であり、後者はもっぱら群れそのものの平衡を維持してゆくために発達した行動である。すると、イモ洗い行動は文化的ではあっても、個体本位の行動に属するということになるが、これに対し、敵襲を知らせるための警戒の発声などは、まさしく群れ本位の行動に数えられねばならないであろう。

私が群れ本位の行動を重視するのは、その中に道徳や宗教の萌芽が潜在しているのではないか、と思われるからである。高崎山の群れに見られるリーダーとサブリーダーの子守り行動というのも、やはり群れ本位の行動の顕著な一例であるが、これをもう一歩進めると、食物分配の行なわれるようになった段階で、子づれのメスが巣ごもりしたとき、あるオスがこのメスに食物を運んでやるということも、あるいは群れ本位の行動として、出現するかもしれない。私は人間家族形成の前段階として、このようなことも考えてみるのである。

五〇歳のとき、ヒマラヤの六二〇〇メートル峰に登り、六〇歳のとき、アフリカの五九〇〇メートルのキリマンジャロに登った私ではあるが、もう体力的にいっても、若い人たちに伍して、第一線の調査に従事することが覚束(おぼつか)なくなった。しかし、われわれの仕事は調査によって、ただちに結果がでる、というようなものでもない。いくら現存する類人猿の社会をしらべ、一方では狩猟採取生活者の社会をしらべてみたところで、そのままでは太古に住んでいた初期人類の社会の復元とはならない。この点でわれわれの研究は柳田国男[6]の研究と相通ずるところがないでもない。

問題はいかにして理論をつくりだすかにあり、再びその論理的構成の美しさにある。そのため、私も柳田国男のように、生涯をかけねばならないであろう。

（一九六九年　六七歳）

カゲロウの四季

昆虫採集をしていると、冬が長く感ぜられる。やっと三月がきて、ウメの蕾(つぼみ)がふくらみ、太陽の光りが今日から急に明るさを増したのでないかと思われるような快晴の日をまって、私は堤の道をゆく。こんな日はたいていてい南風が吹いている。

川へ降り、岸がすこし入りこんで水溜りになったようなところをさがした。底は泥や砂であるよりも礫(1)であったほうがよい。すると、そこではもうアメレタス・コスタリスがさかんに羽化をはじめていて、水面から頭を出している小石には、いま羽化したばかりの亜成虫がとまっているのである。水の中にはまだたくさんの幼虫が泳いでいる。しばらく観察しているうちに、何匹か羽化するのを見たが、幼虫は石に這いのぼって、身体が水面から半分ばかり出たところで脱皮する。そして、出てきた亜成虫は翅(はね)がのびきるとすぐに自分の位置をかえて下流向きになる。よく見るとどの亜成虫もみな下流へ向いている。はじめは太陽の方向に関係があるのかと思ったが、すぐこれは下流から吹いてくる風に対して、こういう姿勢をとるのだということがわかった。亜成虫は羽化完了後一〇分ほどすると飛び立つ。しかし風に吹き流されてたいがいは上流のほうへ飛んで行ってしまう。

私はこれを見て、長い間の疑問に対する解決の手がかりが与えられたのではないかと思った。コスタリスや、やはりこれも早春のカゲロウの一つであるエペオラス・イカノニスは、もう私にとっては古くからのなじみである。かれらが日当たりのよい山峡で、パラレプトフレピア・スピノサをも加えて、春の日ながを一日仲よく踊り暮らしているところは、この季節を印象づけるもっとも普通な光景の一つでさえあるのだ。

それで、私はなんとかして、コスタリスやイカノニスの幼虫を確かめてやろうと思い、ずいぶん苦心したものだが、その付近にたくさんいて、これに相違あるまいと見当をつけた幼虫からは、まるで違った成虫が現われて、けっきょくかれらの幼虫は上流の山間部になどいないで、もっと下流のほうにいたのである。しからば成虫は、なぜ下流のほうで集まらないで、わざわざ山の中に集まってくるのであろうか、というのが私の疑問であったのだから、この風の運搬作用ということは一考に価するのである。もしもある人たちが考えるように、渓流にすむ昆虫の幼虫は水流によって上流から下流へと押し流されるものであるならば、この風の作用はまさにその逆を行くものであり、したがってそこに自然界の微妙な均衡化運動が現われているものと見てもよいわけであろう。

水溜りにはコスタリスのほかにエフェメレラ・ロンギコーダータの幼虫がいた。この幼虫は羽化するときコスタリスのように、石にはいのぼらない。羽化前になると幼虫は底をはなれて水面に浮かび出てくる。そしてしばらく脚を動かしているうちに、背がさけて亜成虫が羽化し、翅がのび切るとともに、脱けがらを水面に残して、飛び立ってゆくのである。この羽化方法は湖の底にすむユスリカなどにも見られ、カゲロウ類では、底棲のエフェメラをはじめとして、リスロゼナやシニグマもこの方法をとるが、流れのあるところにすんでいるものがこの方法をとるときは、一般にここにのべたロンギコーダータなどとくらべて、その羽化がずっと迅速におこなわれる。すなわち水中ですでに背中が割れていて、水面に浮かび出るとともに亜成虫が翅をひろげて飛び立つのである。

イカノニスの幼虫は、このような水溜りにはいないで、本流の比較的大きい石の下に潜んでいる。そこは流れが強く、幼虫は水に押し流されぬように適応しているから、羽化のときがきても石の表面にくっついたまま離れない。だから羽化は水中でおこなわれ、亜成虫は脱けがらを石の表面に残して水中を浮かびあがり、水面に出るやいなやそのまま飛び立ってしまう。急流の石にくっついて生活するベーチエラ・ジャポニカもやはりこれと同じ方法で羽化し、エフェメレラではトリスピナにこの方法が見られる。カゲロウの羽化方法を分類するとだいたいこの三つになるが、これらの三つの型はカゲロウに限らず、水棲昆虫の間に広く認めることのできる、羽化の基本的な適応の類型であろうと思われる。

春とはいっても三月の天候は、もちろんこのような暖かい日和ばかりであることを許さない。カゲロウの羽化がこういう日に盛んであり、それも日中の暖かい時間に多くて、日暮れに近づくにしたがってにわかに減少することは確かであり、成虫の舞踏するのもまたこのような日にさかんで、風がなくても曇り日には少ないのである。しかしずいぶん寒い日にも私はコスタリスの羽化しているのを観察した。ただ羽化はできても、こんな日に羽化した亜成虫が果たして成虫になれるかどうか疑問である。自然にはきちょうめんな一面もあるが、生物のことなどになると、案外大まかで抜けたところがないでもない。この日見たコスタリスはそれでも普通に飛び立っていったが、なかにはせっかく羽化してみても、飛び立てないという場合もあるらしい。生物と環境との間になにか不調和なことが起こったためである。

それについて忘れることのできないのは、一九三三年三月二六日の観察であろう。ノートには午後二時ごろと書いてある。川に出てみると、実におびただしい数のイカノニスの亜成虫が、水面に浮かんだままおりからの出水によって、どんどんと下流に流されて行くのである。一つの断面を仮定してそこを通過する数を読んだところ、一分間に平均四七四、最高は八六四に達した。しかしその数はしだいに減って、三時半にいたるやついに一匹もその姿を見なくなってしまった。この日も曇りであったから、気温は高くなかっただろうが、二時ごろといえばコスタリスやイカノニスの盛んに羽化する時刻に相当する。そして羽化の斉発（せいはつ）性は早春のカゲロウの特性の一つでもある。だがこんなにたくさんいつでも羽化しているのだろうか。生物と環境との不調和というけれども、これは単にこの日の気象状態などでは説明のつかない、なにか水中にいたときにすでに条件づけられた無力さの現われでなかろうか。流れて行った亜成虫の運命に関しても、私はあれこれと想像をたくましくするよりほかなかった。

コスタリスなら羽化できてもロンギコーダータは羽化できないという環境状態があるのであろうか、さきに記したのと同じ寒い日に、私は水溜りの水面に浮かんだままで、羽化もせずにもがいているロンギコーダータの幼虫を見た。よく見るとそんなのが何匹もいて、普通に背を上にしたものばかりでなく、腹を上にひっくりかえしになっているのもあり、また二匹がぶつかって取っ組み合っているのもあったが、どれもいっこうに羽化しそうな気配はなく、その付近にはロンギコーダータの亜成虫も見当たらなかった。そしてこの水溜りの端に漂っていた二匹の亜成虫は、意外にもイカノニスであることを知った。

イカノニスの亜成虫がこんな水溜りに漂流しているのがだいたいおかしいのであるが、隅っこのほうへ押しやられて半分体が沈んでいるのを見たとき、私はもう死んでいるのだろうと思った。それではじめはあまり注意していなかったのであるが、そのうちこの亜成虫は水中の石に付着して、だんだんと水の中へもぐりつつあることがわかった。水から出てきてこそ亜成虫であるのに、それがもう一度水にはいるなんてどういう間ちがいであろうか。しかしこのメス亜成虫は石の下側まで回っていって、ついにその姿を消してしまった。妙なこともあるものだと思って、もう一匹の浮かんでいるオス亜成虫をピンセットでとらえて石にのせ、その石を水中に沈めた。それからピンセットをはなしたところ、身体の自由になった亜成虫は浮かび上がるどころか、あたかも幼虫のする行動のように、あわてて石の裏面へと隠れて行ったのである。幼虫のような敏捷さはなかったが、それが同じ型の行動であることには間ちがいはない。こんなひどい例はほかに知らぬが、亜成虫に幼虫時代の習性の残っていることはエクディオナラス・ヨシダエやエペオラス・ウエノイなどの亜成虫の、幼虫そのままな横這い歩きにも認められるであろう。けれども成虫になると、もうこのような習性はほとんどなくなって、たいへんお上品になってしまうのである。

京都近傍の四月は、カゲロウ相のもっとも賑かなときである。したがってカゲロウ研究家の書き入れどきであり、一年じゅうでいちばん忙しいときなのである。山裾のクヌギ林のあいだを通る路、川沿いにスギ林を抜けて、流れの上で丸木橋を渡る路、そういった自動車も通らず、人通りもいたって少ない閑静な小径をいくつか選んで、それをつなぎ合わせた私の観察順路があった。サクラが咲き、田んぼでは菜種の花が咲くようになると、この路にヘプタゼニア・キハダとエクディオナラス・トビイロニスとが姿を見せる。この両種のオスはいずれも他のカゲロウのように、空中高く飛ぶ派手な舞踏をやらないで、飛んでも地面からせいぜい一メートルぐらいのところまでである。キハダのほうはそれでもこのぐらいの高さで、数匹よってしばらくは舞いつづけているのを観察したこともあるが、トビイロニスは一匹ぱっと飛び立つと、それにつられてそのへんにいたものが二、三匹飛び立つというだけで、すぐまた地面に下りて静止してしまう。このようなカゲロウとしてはおよそ仲間はずれな習性を示すものに、私の知っている範囲ではもう一つ、カガンボカゲロウことディプテロミマス・ティプリフォーミスがある。ただしこのカゲロウは夏になって源流に茂ったマルバダゲブキの葉の上にとまっているところが、地面にとまるトビイロニスとちがっている。

中ごろすぎになって、最高気温が二〇度を越すような日がつづき、水温も一〇度前後になってくると、シニグマ・ヒラサナやエフェメレラ・ニグラが羽化をはじめ、下旬にはリスロゼナ・ジャポニカ、エフェメレラ・バザリス、シフロナラス・サヌケンシス、などが相ついで羽化する。このころちょうどカワトンボやサナエトンボも現われだすのである。さてここにあげた五種のカゲロウの中で、シニグマとリスロゼナとは、比較的小谷の、樹の生い茂った下などに集まっていることが多く、羽化が斉発的であるせいもあろう、狭い場所にあまりたくさんの個体がよってきて、身動きもできないといったふうに、アップ・アンド・ダウンの舞踏はやらないで、ひとかたまりとなったままで、じっと夢のように宙に浮かんでいることがある。

カゲロウの舞踏会にいちばんの禁物が風であることは、さきにも述べたように、イカノニスやコスタリスが好んで小谷に集まるところからも推察できるが、またしばしば舞踏中の一群が、さっと吹きつけてきた風とともにたちまちその姿を空中からかき消してしまうことがあって、その魔術的鮮やかさには観察者をして啞然たらしめるものがある。それは舞踏をやめて、とっさに地上へ避難したのである。こんなときには見失っても失望せずに、こちらも悠々待機するのがよい。かれらは風のおさまるのを待って、かならず空中に舞いもどり、舞踏会を継続するであろうから。私は杉林の間のわずかの空き地で催されたキハダのささやかな舞踏会でもこれを見たし、初冬の蕭条(しょうじょう)とした小谷の空をわが物顔に飛翔するエペオラス・ヒーマリスのような、比較的大型種にも、この習性のあることを見た。

しかしなかには風など物ともしない強いカゲロウもいる。幼虫時代にはもっとも武骨な格好をして、のろまであったエフェメレラがそれであるからおもしろい。ロンギコーダータにしてもニグラにしても、メスはそうでもないが、オス成虫は均整のとれた黒光りのするたくましい姿となって、野川の畔に一本生えた柳の木の梢の上といったようなところで舞踏しているのを見かけるが、そんなところはもちろん風当たりが強いから、たいていのカゲロウならそのまま風に押し流されてしまうものを、かれらはその強力な飛翔力によって風に抗しながらも一度もとの位置へ復帰してくる。だからそんなときのかれらの舞踏の形式は、通常の場合の上下運動が、著しく変形されて、斜めの上下運動からときには風に向かった水平運動にさえなり、見たところはなはだ異なった印象を与えるのである。またこの飛翔力の強さと関係があるかどうか知らないが、場所によってはニグラの舞踏会ははなはだ高いところでおこなわれるらしく、どこまで上は昇って行くのか、上へあがるときにはその姿はすぐ青空に消えて見えなくなってしまい、ただ下へ降りてきて姿を見せたときに、それも特別に長い竿を利用して、かろうじて捕らええたようなことがあった。そういえばイソニチア・ジャポニカが、やはり高く飛ぶので、場所は河原で付近に手ごろな木はなし、しかたないから竿竹屋まで物干し竿を買いに走って、それから捕らえたこともあった。

カゲロウの舞踏が生殖もしくは交尾と関係があるというのは定説であって、オスが集まって盛んに舞踏しているところへ、メスが横合いから無作法に飛び込んでくる。すると一匹のオスがこのメスをつかまえる。二匹が一つになって舞踏の群れからはなれる。やがてオスはメスをはなし、また群れの中へ帰ってきて群れに投じ舞踏をつづける、といった経過は普通に観察されるであろう。すなわち交尾はこの場合空中で飛翔中におこなわれるものと考えられるのである。しかし例のトビイロニスのように正規の舞踏をやらないものにあっては、地上で交尾がおこなわれているところを私は見た。その姿勢はコオロギなどと同じように、上下に重なり、メスが上になっていたが、空中で交尾するものでもこの姿勢に変わりはない。ところでニグラのオスのように、風の中で飛んだり、空高く飛んだりしているものを考えると、そのメスも生殖の務めを果たすためには、やはりオスと同じように風の中を飛び、空高く飛ぶのであろうか。私はまだニグラの交尾は見ていないが、すでに交尾を終えて、産卵のために川の上を往ったりきたり、あわただしげに飛んでいるニグラのメスなら、いくらでも見られるのである。

これらのメスはいずれも腹端の下面に丸いかたまりをつけて飛んでいる。そのかたまりはいうまでもなく卵塊であって、ほどよい場所を見つけたメスは、水面に急降下して、着水したとき卵塊を水中に放出するのである。そしてこの型の産卵行動は一回きりで終わるものと考えられているが、エペオラスのメスなどのように、卵を卵塊にして放出しない種類では、同じメスが何度も水面に下りてくるのが見られる。だからこの型の産卵は、一度にいくつかずつの卵をくぎって産むのであろう。このようにして産み落とされた卵は、そのまま流され、底に沈んで岩の窪みや砂礫の間に自然におさまるものもあるし、また卵自身にいろいろな付着装置を具え(そな)たものもある。エフェメレラの卵は上記のように卵塊として産み落とされるが、それは水底につくと、ばらばらにほぐされる。しかしエフェメレラのある種類では、一つ一つの卵がその一端に付着用の帽子をもち、またさきに粘着性のふくらみを持った細い糸が、何本か卵の表面から出て、ほぐされてもこれらによって底の石へ付着するなり、卵と卵とが結びつくなりするものであることが知られている。

カゲロウの産卵で有名なのは、水中にもぐって産卵するベーティスであろう。渓流中の石をあげると、ときにその裏から小さなカゲロウの飛び立つことがある。私があるとき裏がえした石の下には一匹のベーティス・サーミカスのメスがいて、別に飛びたちもせずに、なおしばらくは産卵を続けていた。卵は石の上にきれいに並べて産みつけられていて、そのような卵塊が石の面に四、五カ所ついていていた。私は試みにその石をもう一度水面へ持って行って、だんだん水に浸けて、ちょうどベーティスのいるところの前まで石が水につかるようにしたところ、このメスは石に沿うて自発的に水中にもぐりこんで行った。しばらくして石を起こしてみると、新しい場所に産卵をはじめていたが、産卵をやめて石の上をあちこちと歩きだす。さきに試みたときにはカゲロウの位置が石の下流側にあるようにしておいた。こうしておけば水中にはいってから水の抵抗を受けるにしても、はいるときは比較的容易であろう。今度は反対向きにしたところ、流れが石にぶっつかって、相当激しているのである。しかしそれにもかかわらずこのサーミカスのメスは、波にもまれて危うく流されんとしながら、なおよく徐々に水中へもぐって行って、ついにその姿をかくしてしまった。カゲロウのような繊細な体の持ち主に、こんな大胆な真似ができるなどとは、ちょっと考えられないではないか。本能とはいえ、メスにはたしかにオスにない偉大な習性が発達している。

三月にコスタリスやロンギコーダータの羽化をみた河原の水溜りがその後どうなっているだろうかと思って訪ねてみると、そこにはもうコスタリスの幼虫は一匹もいないかわりに、コスタリスよりもいくらか身体の小さいアメレタス・モンタナスの幼虫が、いつの間にか大きくなって、ちょうど三月のコスタリスと同じようにたくさん遊んでいる。羽化のま近いことを現わした翅の部分の黒くなったのさえ何匹もいた。しかし、しばらく待ってみても一匹として羽化するものはない。そのくせ脱けがらはちゃんとあちらこちらの石に着いているのである。三月ならこんなよいお天気の日の昼過ぎには、この水溜りは羽化でそれは賑やかなことだったのに、いまはまるでひっそりとしている。そのくせ水溜りの住民は、モンタナスのほかにヨシダエやサヌケンシスを加えて、三月よりも貧弱になったどころか、かえって賑やかになっているぐらいである。だからこの現象は、季節がすすみ、しだいに暖かくなってきたため、カゲロウの羽化するに適当な時間の範囲が拡げられて、その斉発性が認められなくなったせいとも考えられるが、じっさいは羽化の時間が朝と夕方とにおしやられてしまったため、昼過ぎの水溜りがこのように閑静になったのであろう。

成虫の舞踏にもこれと並行した行動時間のずれが認められる。四月中に羽化して出るカゲロウなら、まだほとんどすべてが昼間の光線の下で舞踏するものといっていいのであるが、それでももうサヌケンシスなどは、夕方になってからでないと飛ばない。夕方に飛ぶものがまた朝の間にも飛ぶということは、家の庭へきて舞踏するクレーオン・ディプテラムで知っているが、私は元来朝寝坊なので、どの種類でもそういうことがいえるかどうかは確かめていない。しかしおそらくどの種類でもということはないであろう。また夕方といっても、まだ日のあかあかとさしているころと、日没後の薄明とではかなりの相違がある。サヌケンシスや五月になって出るものでもエフェメラ・ストリガータのように、出現期がまだこの季節に限られたものは前者を選ぶが、ヨシダエのように五月以降一一月まで連続的に羽化する、いわゆる夏カゲロウに属するものになって、はじめて後者が選ばれるようになるらしい。私はあらかじめヨシダエの舞踏場を見定めておいて、あたりがすっかり暗くなり、もうなにも見えなくなってから出かけて行って網をふるったところ、たくさんのヨシダエがとれたことを記憶している。夏に出るポタマンサス・カモニスなどもやはり暗くなってから飛ぶのであろうか、私はまだその舞踏するところを見ていない。秋になるとしばしば、昼間大群をなして飛翔するエペオラス・ラティフォリウムも、夏の間はあまり姿を見せないほうである。

カゲロウの四季と題して書き出してはみたものの、五月が終わらないうちにもう予定の紙数に達してしまった。まだ私の親しいカゲロウで、いままでに名前の出てこなかったものも少なくない。だがカゲロウはメイフライ、すなわち五月の虫といわれる。五月といってもそれは英国の五月のことだから、こちらならばまず四月の虫というところに当たるであろう。四、五月以後にカゲロウのいないわけではないが、いまもいったとおり、夏になるにつれてだんだん目立たない時間に飛ぶようになり、また夏にはもう春さきのようなめざましい種類の移りかわりといったものもなくなってしまうから、このへんでうちきらせてもらって、これでだいたいカゲロウの生態の一応の紹介はすんだかと思う。じっさい五月の午後の川べりに立ってみると、あの産卵のためにあわただしげに飛びかっていたニグラのメスがいないだけでも、あたりはたいへんのんびりとしてしまって、ハルゼミの鳴き声にも、クロスジギンヤンマの飛びゆく姿にも、もうカゲロウの華やかな季節は過ぎ去ったという感じは深いのである。

けれども日がようやく傾きそめれば、どこからともなくストリガータが現われて、その優雅な舞踏をはじめるのである。そしてその舞踏こそはけだしわが国のカゲロウの舞踏中の圧巻であろう。私もまたこのカゲロウの王者ストリガータを語らずには筆を置くわけにいかない。ストリガータについてじつは忘れることのできぬ観察をしているからである。一九三五年は、ストリガータの大発生した年であった。ノートの日付けは五月一一日となっているが、その日私は観察順路に沿って四カ所にストリガータのメスの集団死体を見た。ちょっと数える勇気も出ないほどのおびただしい死体であったが、同時的なものではないとみえて、水中のものにはすでにかびのはえているのがあった。どのメスもみな産卵を終えていた。いろいろと考えてみたが、周囲の条件はこれらの死体が水に運ばれて漂着し、堆積したのではなくて、どうしてもメスが自発的にここへ集まってきて死んだものと見なければ説明がつきそうにもなかった。

自然の深い謎に直面して、いささか興奮を覚えながら帰途についた私は、それからものの二〇分とたたないうちに、今度は生きているオスの大舞踏集団にぶつかった。そこはもう川が谷あいをはなれて沖積原へ一歩踏みだしたところであって、私の観察路はそこで川から三、四〇〇メートルも田んぼをへだてた山裾を通っていた。そしてこの路に沿ってすばらしい大舞踏会は展開され、すこしも切れることなく約一キロも続いていたであろうか。踊り手はいずれもみな頭を上流のほうへ向けていた。そこへメスがときどき入ってくるのであるが、メスたちはかならず下流のほうからやってきて、オスと同じ方向に頭を向けて上流へ飛んで行く。交尾中も交尾後もこの方向は変えないで直線的に飛んで行く。いったいこれらのメスはどこから飛んでくるのであろうか。そしてどこまで飛んで行くのであろうか。私は先刻の集団死体を思い浮かべていた。それからあれとこれとを結ぶものとして、まっすぐに上流へ向かって飛んで行ったメスがあのあたりに集結して、メスばかりの産卵舞踏会を催し、産卵後は同じ場所を求めて死ぬのではなかろうか、と想像した。明日はもうすこし確かめられるであろう。けれどもその翌日から天気はくずれ出した。一六日になってはじめてからりと晴れたので、さっそく出かけてみたが、水が出てどこもかもきれいに洗い去ったものか、そんなことがあったと思われる跡かたもない。私は念入りにさがしてやっと一、二枚の翅のかけらを見出だしたにすぎなかった。

（一九四五年　四三歳）

相似と相異

われわれの世界はじつにいろいろなものから成り立っている。いろいろなものからなる一つの寄り合い世帯と考えてもよい。ところでこの寄り合い世帯の成員というのが、でたらめな得手勝手な烏合(うごう)の衆(1)でなくて、この寄り合い世帯を構成し、それを維持し、それを発展させて行く上に、それぞれがちゃんとした地位を占め、それぞれの任務を果たしているように見えるというのが、そもそも私の世界観に一つの根底を与えるものであるらしい。もっとも世界観なるものは、世界のいろいろな事象を観察し、考察しているうちに、次第にできあがってくるのであって、はじめからできているものではないが、私がこれから書きたいと思うことを、私は現在私のいだいている世界観によって編集しようと思うから、まず書き出しにおいて私の世界観の一端をにおわせてみたのである。

それでこのような世界観、つまりこの世界が混沌とした、でたらめなものでなくて、一定の構造もしくは秩序を有し、それによって一定の機能を発揮しているものと見ることは、この世界を構成しているいろいろなものが、お互いに他の存在とはなんらの関係もないにかかわらず、ただ偶然にこの世界という一つの船に乗り合わせたに過ぎないといったような物の見方をしりぞけて、それらのものはお互いの間を、大なり小なりなんらかの関係で結ばれているのでなければならないと、思わしめるのである。

かりに一歩を譲って、この世界という船の船客が、他の世界からお互いになんの相談もなしに乗り込んできた船客たちであったとしても、この船は無制限に、でたらめにいろいろな客を乗せることはしていないのである。一等船客が何名、二等船客が何名、三等船客が何名ということがちゃんときまっているのである。一等に乗りたいがすこし遅く来たために一等が満員で、二等で我慢しているというようなものもあるかもしれない。それはさておき、これらの船客ははたして他の世界から乗り込んできたものだろうか。

私はもちろん他の世界というものを知らない、だから他の世界というものを考えることはできない。だからもし他の世界から来て、乗り合わしたものでないとするならば、後にはただ一つの考えが許されるだけである。それはすなわち、それらの船客が船の外から乗り込んできたものではなくて、はじめから船に乗っていたものと考えることなのである。いい換えるならばそれらの船客はみな、船の中で生まれたものと考えるよりほかないのである。つまり船の中で自然発生的に生まれた船客であるにもかかわらず、それがあたかも切符を買って乗り込んできた船客と同じように、やはり一等船客も二等船客も三等船客も過不足なしに、定員どおりに乗り込んでいるというのは、ちょっと不思議なようにも思われるのであって、そこにはなにか、切符を買って乗り込んできた船客相互間の関係以上に、深い関係が介在しているのでなければならないであろう。

この世界、といっても私のいわゆる世界は元来地球中心主義的な世界なのである。それで世界をかりに地球に限定して、地球をさきほどの船にたとえてみよう。すると地球という一大豪華船に船客を満載しているというのは、現在の地球のことであって、その船客が他から乗り込んできたのでないのと同じように、この豪華船の建造に要した材料もまた他から持ち運んできたものではないのである。地球が太陽から分離して、それが太陽に照らされながら太陽の周囲を回っているうちに、それ自身がいつのまにか乗客を満載した、今日みるような一大豪華船となったというのであるから、全く信じ切れないようなことであるに相違ない。しかしこれをここで一応なんとか信じられるように説明しておく必要がある。そのためにはこの地球の変化を、単なる変化と見ないで、やはり一種の生長とか、発展とかいうように見たいのである。もちろん一つの見方である。気に入らぬ人の賛成を求めるつもりはない。すると地球自身の生長過程において、そのある部分は船の材料となり、船となっていった。残りの部分はその船に乗る船客となっていった。だから船がさきでも船客がさきでもない。船も船客も元来一つのものが分化したのである。それも無意味に分化したのではない。船は船客をのせんがために船となったのであり、船客は船に乗らんがために船客となっていったということは、船客のない船や、船のない船客の考えられないことからの当然の帰結である。

こういう拙(つたな)いたとえを持ち出したことは、かえって当を得たものでなかったかもしれないが、私のいいたかったことは、この世界を構成しているいろいろなものが、お互いになんらかの関係で結ばれているのでなければならないという根拠が、単にこの世界が構造を有し機能を有するというばかりではなくて、かかる構造も機能も要するにもとは一つのものから分化し、生成したものである。その意味で無生物といい生物というも、あるいは動物といい植物というも、そのもとを糺せばみな同じ一つのものに由来するというところに、それらのものの間の根本関係を認めようというのである。

さてお互いの間の関係などといってみたところでまだはなはだ漠然としている。それは一とおりや二たとおりの関係でなくて、いろいろな関係で結ばれているからである。これからこのいろいろな関係を、地球上の生物を主題として、おいおい明らかにして行きたいと思うのであるが、その前にも一つ根本的な問題に触れておきたい。さきにわれわれの世界はじつにいろいろなものから成り立っているといったが、それはわれわれがいろいろなものを識別しえているからこそいえることなのである。しかしいろいろなものといったが、この世界には結局厳密に同じものは二つとはないはずである。一つのものによって占有されたその同じ空間を、他のいかなるものといえども絶対に占有できないものである以上、空間の分割はものの存在を規定するとともに、またもってそれがものの相異を生ぜしめている根本的原因であるともいえるであろう。

このように相異ということばかりを見て行けば、世界じゅうのものはついにみな、異なったものばかりということになるが、それにもかかわらずこの世界には、それに似たものがどこにも見当たらない、すなわちそれ一つだけが全然他とは切り離された、特異な存在であるというようなものが、けっして存在していないということは、たいへん愉快なことでなかろうか。もしも世界を成り立たせているものが、どれもこれも似ても似つかぬ特異なものばかりであったならば、世界は構造を持たなかったかもしれぬ。あるいは構造はあってもわれわれの理解しえないものであったかもしれない。それよりもそんなにすべてのものが異なっていたら、もはや異なるという意味さえなくなってしまっただろう。異なるということは似ているということがあってはじめてその意味を持つものと考えられるからである。似ているものがあってこそ異なるものが区別されるのであり、似ているところがあってこそ異なるところが明らかにされるのである。

しからばこの世界はいろいろなものから成り立っているといっても、そのいろいろなものというのが、お互いに絶対孤立の単数的存在でなくて、この広い世界のどこかには、かならずそれに似たものが見いだされるという複数的存在であることは、いったいなにに起因し、またなにを意味しているであろうか。この問題についてはどうせどこかもっと適切なところで詳しく論ずるつもりであるが、ただわれわれはこのような事実、すなわち世界を構成しているものの複数的存在という事実を前にして、この複数的存在の内容となっているところの似たもの同士が、お互いに全然無関係に発生した、偶然の結果であるというようにはどうしても考えられないのであるからして、この点から見ればわれわれは、世界がその生成発展の過程において、お互いになんらかの関係で結ばれた相異なるものに分かれていったといいうるのと同じように、世界はその生成発展の過程において、お互いになんらかの関係で結ばれた相似たものに分かれていったともいいうるのである。

すると相似と相異ということは、もとは一つのものから分かれたものの間に、もともとから備わった一つの関係であって、子は親に似ているといえばどこまでも似ているけれども、また異なっているといえばどこまでも異なっているといえるように、そういったものの間の関係は、似ているのも当然だし、異なっているのもまた当然だということになる。そしてこの世界を構成しているすべてのものが、もとは一つのものから分化発展したものであるというのであれば、それらのものの間には、当然またこの関係が成り立っていなければならないと思う。

だからはじめにもどって、われわれの世界がいろいろなものから成り立っているというのは、われわれがいろいろなものを識別しうるからだといったが、識別というような言葉を用いるから、なんだかわれわれが相異ばかりに注意しているような印象を与えるけれども、未だ識別という結果の現われぬ、識別以前の状態にさかのぼって、われわれが直接ものを認めるという立場を考えてみると、それは鏡にものの映るような無意味な、機械的なものではなくて、われわれがものを認めるということは、つまりわれわれが、この世界を構成しているものの間に備わった、このもともとからの関係において、それらのものを認めていることだと私は思う。いい換えるならばわれわれはつねに、相似たところも相異なるところも、同時に認めているのである。

私は哲学者でもないくせに、認識論に立ち入るつもりはないのだから、われわれがものを認めるということの子供にでも可能なことに対して、ここで私が認識という言葉を使ったからといって、深く咎めないでほしいのである。何故それなら知覚というような言葉を用いずにあえて認識という言葉を用いるのかといえば、それは私の気持ちの問題である。世界観はいかに素朴であっても、それは認識という言葉をもって一貫されるべきものと考えるからである。そして私のここで意味するような素朴な認識というのがかくのごとく、ものとものとを比較し、その上で判断するというような過程を踏まなくても、いわば直観的にものをその関係において把握するということであるとすれば、ものが互いに似ているとか異なっているとかいうことのわかるのは、われわれの認識そのものに本来備わった一種の先験的な性質である、といいたいのである。そして、それというのもこの世界を成り立たせているいろいろなものが、もとは一つのものから分化発展したものであるというところに、深い根底があるのであって、それはすなわちこのわれわれさえが、けっして今日のわれわれとして突発したものでもなく、また他の世界からやって来た、その意味でこの世界とは異質な存在でもなくて、われわれ自身もまた身をもってこの世界の分化発展を経験してきたものであればこそ、こうした性質がいつのまにかわれわれにまで備わるようになった。世界を成り立たせているいろいろなものが、われわれにとって異質なものでないというばかりでなくて、それらのものの生成とともに、われわれもまた生成していった。そう考えればそれらのものの間に備わったもともとからの関係を、われわれがなんの造作もなく認識しうるということは、むしろわれわれ自身に備わった遺伝的な素質であり、むずかしいことをいいたくなければ、われわれに備わった一つの本能であるといっても、まちがってはいないであろうと思う。

われわれの認識が問題になり、いままた本能というような言葉が出てきたから、勢いこのへんで一般論をはなれて、私は生物の立場にかえらねばならない。いったいいつでもそうだが、われわれ人間のことが問題になると、いやにむずかしい面倒くさいことになりがちであるが、生物の立場はいつだって率直で、朗らかで、やはり私の性分にあっているようだ。さて問題はいま述べたようなことが、生物にもあてはまるかどうかということなのであるが、生物といえどもわれわれと同じように、やはりこの世界に生まれ、この世界とともに生長してきたものである以上、かれらにだってこの世界を認めるということがあるならば、すなわちかれらがこの世界を成り立たせているいろいろなものをどの程度かに識別しているとすれば、このものを認めるということの本質においては、かれらもわれわれも異なろうはずはない。むしろ私が果敢に本能という言葉をわれわれの場合に使用した意図の中には、われわれ人間さえもともと一種の生物的存在である、だから人間的解釈にしばらく別かれを告げて、その現象のよって起こる本質を探求してみたならば、そこにはきっと人間的解釈の代理としての生物的解釈が見いだされるだろうという仮定のもとに、はじめから人間を生物の立場に引き下げ、あるいは逆に生物を人間の立場にまで引き上げて、両者を同じ基礎に立つものとして同列に談じようという考えが、働いていたものであるといわれるかもしれない。

しかしながら同じく生物といってみたところで、植物もあれば動物もある。動物だってアミーバのような下等なものから猿のように人間に近い、人間に似たものまである。そしてこれらのものがすべて生物であり、人間もまた生物であるからといって、もし私が人間に認められるすべての性質が、これらの生物にもまた見いだされねばならぬ、人間に意識作用がある以上は植物にだって同じような意識作用の存在することを肯定しなければならぬというのであったならば、それは取りも直さず私みずからが説き来たったところの主張である、この世界を成り立たせているいろいろなものが、どこまでも異なっていなければならないということに、背反したこととなってしまう。けれどもこの世界を成り立たせているいろいろなものが、どこまでも異なっていなければならないにもかかわらず、それらはお互いに全然異質なものではなくて、もともと一つのものから生成発展したものであるという点では、それらのものがまたどこまでも似ていなければならないのである。

そしてここで、相似と相異という関係をもって結ばれている、この世界のいろいろなものの間の関係が、一応類縁ということによって整理されるのである。類縁とはいわば血のつながりであり、土のつながりである。類縁とはものの生成をめぐる歴史的な親疎ないしは遠近関係を意味するとともに、またその社会的な親疎ないしは遠近関係をも意味するものであろう。もちろんたまには他人の空似ということもないではなかろうが、一般的に類縁関係によっていろいろなものが整理されるといえば、類縁の近いものほど相異なるところよりも相似たところが多くて、類縁の遠いものほどその反対になるということを前提しているのである。何故そういうことになっているかは、も少しさきで説明するが、要するにこの世界を成り立たせているいろいろなものは、すべて一つのものの生成発展したものにほかならないということが、これらのいろいろなものが類縁関係を通じて結ばれているゆえんなのである。

それゆえこの類縁関係を通してはじめて、われわれのものの見方にも一定の基準が与えられる。類縁を通して相似たものがお互いに近しい存在であり、相異なるものがお互いに遠い存在であるということは、同じ一つの世界に住んでいても、類縁的遠近はまたお互いの住まう世界の遠近であるということにもなるであろう。この意味においてわれわれ人間は人間の世界を持ち、猿は猿の世界を持ち、アミーバはアミーバの世界を持ち、また植物は植物の世界を持つものであっても、猿の世界はアミーバや植物の世界よりもわれわれ人間の世界に近く、またそれらをひっくるめた生物の世界のほうが、無生物の世界よりもわれわれの世界に近いといいうるのである。そしてここにわれわれに許された類推の根拠があり、それと同時にまたその類推の可能限度ということが考えられる。

世界を成り立たせているいろいろなものが、もとは一つのものから生成発展したものであるゆえに、われわれにこの世界を認識しうる可能性があるのであり、世界を成り立たせているいろいろなものがもとは一つのものから生成発展したものであるゆえに、われわれの認識がただちに類縁の認識でありうる可能性があるといった。そしてかかる類縁の認識が成立するところに、われわれの類推の可能なる根拠があるというのである。いったいわれわれは類推といえば、一種の思考作用のようにばかり思いやすいが、類推とはその本質において、われわれの認識、すなわちわれわれがものの類縁関係を認識したことに対する、われわれの主体的反応の現われにほかならないと思う。そしてその反応の現われが、まずわれわれの喜び、驚き、怖れ、ないしは愛憎といったものであったにしても、それはすでにこの世界に対するわれわれの表現であり、この世界に対するわれわれの働きかけでなければならない。だからわれわれがいろいろなものを認識したことに対する、われわれの主体的反応の現われ方は、もちろんそのいろいろなものに応じて、いろいろであっていいわけではあるけれども、われわれの認識というのが、元来ものの類縁関係の認識である以上、われわれの認識に対する主体的反応の現われ方もまた、この類縁関係のいかんによって、ある種の制約を受けているものと考えられるであろう。類推可能の限界ということも、かくのごとくして自然に規定せられてくるのである。

したがってこの問題は、一応なにゆえ類縁関係の違いによって、われわれの認識に対する主体的反応の現われ方が違ってくるのかというところまで、さかのぼって考えてみなくてはならないのである。それには類縁関係の近いものは、それの遠いものよりも、より近い、あるいはよりよく似た世界をもっている。よりよく似た世界というのは、いろいろに解釈できるけれども、主体的にいえば、お互いの認識している世界が似ていることだといえるであろう。そしてそれはつまり類縁の近いものなら、また当然にその認識に対する主体的反応の現われ方においても似ているのでなければならぬ、ということを要請するものである。だから類縁の近いもの同士が遭遇した場合を考えると、一方が他を認識するようにして、また片方も他を認識しているのでなければならぬ。そしてその一方がその認識に対して現わす主体的反応と相似た反応を、片方のものもやはり現わすのでなければならぬ。すると相互の認識、ひいてはその主体的反応の結果として、ここに一種の関係、もしくは一種の交渉が成立することとなるであろう。認識に対するわれわれの主体的反応とは、認識したものに対するわれわれの働きかけにほかならないといったが、かくのごとき関係の成立を認める場合には、それは多分たんなるわれわれの働きかけではなくて、われわれへの働きかけを予想した上での、われわれの働きかけであるだろう。

しかしこれがもし類縁関係の遠くはなれたもの同士である場合には、こうは行かぬであろう。われわれが石や木を見つけて今日は と挨拶しても、石や木がなにも返事しないということは、いかにも無情な現実ではあるが、われわれにとって類縁関係の認識は、すでに述べてあるようにわれわれに備わったところの、一種の本能でさえあるのだから、われわれの子供だってそんな返事は期待しないのである。ところでそれがもし動物ということになり、その中でも高等な犬とか、猿とかいうものになってくると、われわれの働きかけではなくて、かれらのわれわれに対する働きかけをも予想しないわけには行かない、否、その働きかけをわれわれは実際に体験しているではないか。だからわれわれの、こうした動物に対する主体的反応というものが、実際は動物を動物として見ていても、ある程度まで人間に対するのと同じような反応をもって現わされるということは、これらの動物がわれわれに類縁的に近いという、われわれの認識に対するわれわれの表現であり、それをわれわれ人間が現わす以上、それが人間的表現となって現わされるよりほかには、また表現のされようがないというべきである。

それゆえ認識に対して主体的反応を現わすべき主体が人間である場合には、人間が人間的にものを見、また人間的にものに働きかけるというのは、まったく自然的な成り行きであって、人間にそれ以外の態度を要求するほうがむしろまちがっているのであろう。原始人や未開人の生活が等しくこういったものの見方にその基準をもつものであったことも、この点では有力な支持を与えているものと思われる。そしてここに私が類推というものも、その本質においてはわれわれがものの類縁関係を認識したことに対する、われわれの主体的反応に基底をもつものであるといったことの、根拠もあるわけである。しかしわれわれ人間同士の間にあってさえ、自分をもって他人のすべてが推測しがたいということは、この世界を成り立たせているものが、どこまでも異なっていて、厳密には二つと同じものがないからである。いわんや類縁の隔たり、住まう世界の異なった動物であってみれば、われわれの人間的解釈がはたして正しいかどうかはすこぶる疑問とするところである。比較心理学者が擬人的説明を極度に嫌った理由もこのへんにあるかと思われる。

そうかといってわれわれには動物を自動機械と見なしたり、人間のみを全智全能の神の申し子であるかのように考えたりすることはできない。人間もまたこの世界を成り立たせている他のいろいろなものと同じように、もとは一つのものから生成発展したということは、人間がいくら偉くなったって消し去ることはできない。だから人間にこの世界が認識されるのである。だからこれに対する主体的反応として、宗教家や詩人がわれわれ人間以外のいろいろなもの、たとえば木や石と話をし、その声を聴いたからといって、われわれはちっとも驚かない。ただその声はわれわれのように口がしゃべった声ではなく、その声を聴いたのはわれわれのように音を聴く耳ではなかった。それを認めた上でいっていることならばいっこうさしつかえはないであろう。われわれは、われわれがわれわれに認めるような生命を無生物にも認めようとは思わない。しかし無生物には無生物の、無生物らしい生命というものがあったって、いっこうさしつかえはないのである。それをなんでも擬人化して考えないでは気がすまなかったところに、無生物の生物化が主観的な、非科学的な態度として排斥される理由があったのと同じように、われわれの本来の認識、われわれの本来の主体的反応に背いて、動物をさえ擬物化し、動物をさえ一種の自動機械とみなそうという、生物の無生物化は、これもまた主観的な、非科学的な態度であるとの、譏りを受けねばならないであろう。もっともこういう態度を徹底さすなら、人間さえもがやはり一種の自動機械にほかならなくなるのであるが、人間だけはこれを棚に上げておいて、動物以下にこういう見方を適用したということは、人間自身にまでこんな見方の適用されることを、さすがに人間としては好ましく思わなかったからであるに違いない。

もちろん生物といえども、物質的基礎を離れて存在しうるものではないが、生物はどこまでも無生物と異なるものであるがゆえに生物だったのである。それを博物学などと称して、動物や植物を鉱物や岩石などと一纏めにして取り扱ったというのは、生物が死体となって、もはや岩石などとたいして変わらぬ物質的存在にまで変化してしまった、生物の標本を研究することばかりが生物学であるかのごとく考えた、前時代の風習が残っていたからであろう。人間も生物であるゆえに、無生物に対するよりも生物に対して類縁が近いのと同じように、生物だってその立場から考えるならば、無生物に対してよりも人間に対して、より類縁の近い存在であらねばならぬ。そして生物を生物として、その正当な立場において研究するというのが、科学としての生物学でなければならないのである。ただ生物と一口にいう中には、さきにもいってあるごとく、動物も植物も、またそれらの中の高等なものから下等なものに至るまでの、いろいろなものが含まれているのであり、それらのいろいろなものがそれぞれに異なった世界を持ち、異なった生活を営んでいるのであるからして、生物を生物としてその正当な立場において研究するということは、それぞれの生物をそれぞれの正当な立場において研究するということにほかならなくなる。

そしてこのそれぞれの生物をそれぞれの正当な立場におくということは、要するにこれらのものに対するわれわれの認識をより正確なものにするということであり、それはすなわち類縁関係のより正確なる把握を意味し、それによってわれわれの類推をより合理的ならしめることである。くり返していうが、われわれは人間的立場にあって生物の生活を知ろうとし、またその住まう世界をうかがおうとしているのである。だからわれわれに許された唯一の表現方法は、これらの生活や世界を人間的に翻訳するよりほかにはない。類推ということを奪われた生物学は、ふたたび惨めな機械主義へかえるより途（みち）はないのである。類推の合理化こそは新らしい生物学の生命であるとまでいいうるであろう。

それゆえ本書[2]で私が、生物の社会だとか生物の恋愛だとかいう表現を用いるのはもとより、ときにはこれこそ人間の専売特許と思われてきた芸術というような言葉をさえ、平気で借用してきたからといって、人間はそのためになにもうろたえたり落胆したりすることはないのである。またそういう解釈が成立するということによって、なにも生物を人間の立場にまで高めることにもならなければ、人間を生物の立場にまで引き下げることにもならないと思う。社会といってみたところで、人間と動物と植物とが異なるように、人間の社会と動物の社会と植物の社会とでは、それぞれに異なるところがあるべきなのは当然である。しかし人間も動物も植物も生物であるという点では、お互いに類縁関係のつづいた相似たものなのであるから、かれらが根本的には相似た性質をいくら持っていたからとて、それは少しも不当でないばかりでなく、むしろこうした相似た性質の存在を認め、それをわれわれの言葉によって、われわれに理解されるように適切に表現する、ということがすなわちわれわれのそれらの生物に対する認識の表現であり、このように生物を生物の立場において正しく認めるということがまた、われわれをわれわれの立場において正しく認めることにもなるのである。生物学の任務はかならずしもわれわれの生活資源という問題にばかり結びついているのではない。われわれ人間もまたこの世界構成の一環として、生物的類縁をもち、われわれの現わすさまざまな行動習性も、われわれの生物的地盤の中に深く根ざしたものであることを明らかにすることによって、われわれがわれわれの本質について深く反省する資料を与えるものでなければならない。私が本書のイントロダクションに相似と相異という論題を持ち出してきた意図も、これでだいたいおわかりくださったであろうと思う。

（一九四一年　三九歳）

私の自然観

一

与えられたテーマは、私の自然観であるが、それを語るまえに、私というものを、ある程度、紹介しておく必要があるであろう。

私は数字に弱く、機械に弱い。自分で写真をとらないし、自動車の運転もできない。できないというよりも、しようとしないのである。機械ばかりでなく、建築や美術工芸品にも興味をおぼえない。近ごろいろいろと出まわってきた薬品類などにも、こちらからすすんで接近しようという気にはなれない。つまり、あらゆるといっては言いすぎであるが、おおかたの人工物ないしは人工品に対して、お世話になってもなりっぱなしで、いっこうに愛着をおぼえない、ということである。

人工の反対は自然である。そして、自然に対しては、執拗な愛着をいだいている。愛着というよりももっと密接したものである。自然の中へはいれば、魚が水を得たような気持ちになれるからである。自然にかたよったから、人工に対する興味がうすくなったのか、人工に興味がわかないから、自然を求めるようになったのか、そのへんのところは精神分析でもうけないかぎり、いまは深層にかくれてしまって、私自身にも確かなことはわからない。しかし、自然にも人工にも、同じように興味をいだく人だって、いくらでもあるのに、それができないというのは、まことに不徳のいたすところというよりほかはないのである。

けれども、自然には自然なりに、人工のいかに精密な機械にも、またいかに精巧な芸術品にも、劣らぬようなものがある。私はそれを自然の中でもとくに生物、その中でもまた昆虫・トリ・ケモノといったものに見いだすのであるが、これらはそのどれ一つをとってみても、まさに自然の製作にかかるマスターピースであり、その極致を示したものであるとさえ、いいうるのである。

それも、たんなる造形美だけが、問題なのではない。それだけでも、すでに驚嘆に値するのであるが、そういった形をそなえたものが、自然の中において、ひとりで立派に生活し、なおそれだけにとどまらないで、立派にその子孫をのこしていくというにおいては、もはや驚嘆の域を脱して、これに傾倒し、沈潜して、この千古の謎に秘められた人間外の世界を、もっと得心のゆくところまで知りたいと思うようになっても、すこしも怪しむにたらぬのではなかろうか。

このようなわけで、私が人間くさい学問のいっさいをしりぞけ、それとともに非情な物質を取りあつかう学問もまたこれを捨てて、まず生物学にとびこんでいったのは、いまにして思えば、それ以外の活路が見いだせなかったからであるだろう。しかし、私はすぐアカデミックな研究室の生物学に失望する。私は生物をとおして自然を知り、自然をとおして生物を知ろうとしているのに、そこで扱われていたのは、自然から切りはなされた生物ばかりで、自然はどこにも見いだされなかったからである。

自然といっても、いろいろな把握の仕方がある。気象学でも地質学でも、やはり自然を研究する学問といえるだろう。しかし、私のいう自然とは、そこに生物の満ち満ちた自然であり、そうした生物の生活を中心においたところの自然である。それを、必要なら、生物的自然と呼ぶことにしてもよい。

そのころ、こうした生物的自然の研究のいちばん進んでいたのは、植物生態学であり、その研究が模範とされていたので、私もまたこれにならうところがあった。けれども植物生態学は、植物集団の分類ばかりやっていて、待てど暮らせどいっこうに、自然の秘密を開こうとしない。開こうとはしていたのかも知らないが、自然の扱い方において不適切なところがあった。これは方法論の問題である。つまり、われわれに与えられた自然を自然として、たとえば森林とか草原とかいったものを、いくら細分していっても、水は細分しても水であるように、それでは自然の中にひそむ機構といったものが、つかみ出せない。

植物生態学に見切りをつけた私は、それから集団の分類よりも分析に着目し、理論と自然観察の両面から、ついに、生物的自然の基礎的構成単位は、生物のそれぞれの種がつくる社会である、という結論に達し、この結論をこんどは逆に出発点として、生物的自然の再構成を試みたところ、私の理論がかなり満足すべきものであることを、知りえたのである。

それはどういうことか、もすこし言葉をかえて述べるならば、いままでは森林とか草原とかいう個別的にまとまった自然か、そうでなければそれをバラバラにほぐした、生物の種の個体か、そのいずれかにしか拠りどころがなく、したがってそれでは、とうてい生物的自然像ともいうべきものを、構成するまでには及びいたっていなかったところを、基礎となる種社会からはじめて、同位社会・複合同位社会・生態系などという概念のもとに、とにかく、まだいかに不十分不完全なものであろうとも、これで一応生物的自然というものの組みたてまで、見透せるようになった。すなわち、これでどうやら生物的自然像がもてるようになった、という満足である。

さて、自然像と自然観とは、どこまでも切りはなしがたい関係にある。自然像が確立されることによって、自然観のほうもまた豊かになり、活気づき、アイディアを出して、さらに自然像の完成を促すようにはたらく。そして、こういった関係を認めるならば、私がなんらかの生物的自然像をもつにいたったということの裏面にも、やはりそれを促していた、なんらかの自然観といったものが、あったとみなさねばならないであろう。

いつのころからか、私は人間もまた生物であり、すくなくとも生物の延長にすぎないものであることを、見やぶり、またこれは人間が、生物のもたないものを山ほど積み重ねてみたところで、けっして消し去ることのできないものであることを、確信するようになった。私はしだいに、生物と人間との共通性に関心をもつようになり、生物と人間とのあいだに鉄の扉を設けた従来の自然観に対して、押さえきれない反撥を感ずるようになった。さらにまた、その気になってもっと生物と親しくつきあえば、人間も生物の一員である以上、かれらのことがもっとよくわかってもよいはずだ、とも考えた。はじめ私は昆虫を相手にしていたけれども、昆虫では情がうつらぬというので、やがて人間に近いもっと大動物の、ウマやサルを相手にするようになる。

とにかく私の自然観には、おぼろげながら、どこかに万有神論に通ずるようなところもあり、動物説話や童話の世界に通ずるようなところもあって、人間だけが神の寵児のような顔をしているのに慊らず、生物もまた人間と同じように主体性をもつものとして、これを同格視しようとする傾きのあることは、否定しがたい。そしてそれが、生物的自然の基礎単位である種社会の定立と相まって、私の汎社会論となったのである。だから、その生物的自然像も、とりあえずのところは、社会的自然像という形をとっているのである。

生物と人間とを一本にとおす道は、ほかにもあったことであろうが、私はそれを、たまたま社会でとおすことになったのである。そしてこの自然像がかたまったとき、私はすでに生物学をやめて、人類学に転向しようという決心をしていた。道がとおった以上、私の人間としての自覚が、人間を置き去りにしてはおかなかったのである。

ただ、人類学に移ってからでも、サルの研究だけは、いまにいたるまでやめていない。サルこそは、なにかにつけ、生物と人間とのあいだの橋渡しをつとめる、そういう意味では他にかけ替えのない動物であるからである。もっとも、この研究においても、私の自然観から当然予想されてよいことではあるが、西欧流の学者からみたら、擬人主義に陥っているといって、批難されそうな面がないとはいわない。しかし、私はそれを百も承知のうえで、なおあえてその危険をおかす、自由奔放(ほんぽう)のともがらなのである。

一例をあげると、ニホンザルの社会には、いままで十数年にわたる周到な観察にもかかわらず、母親とその息子とのあいだに性関係の見られた事例が、きわめてすくない。これは事実であるが、これに対して私は、息子の側における原始道徳的な、インセスト[1]の回避である、という説明を提出した。そこには私の自然観の投射がある、といわれるかもしれない。しかし、この説明を否定するに足るだけの、有力な他の説明が提出されないかぎり、私の説を提出することを、遠慮しなければならない理由など、どこにもないと思うのである。

私は山岳を渇仰し、かつての山岳宗教の名残りをとどめるような心情さえあって、これも私の自然観の一部をなすものにちがいないが、私はサルやチンパンジーにまで、これに似た心情を仮定しようとするものではない。かれらはそもそも私たちのように、遥かなる山岳を眺めるようなことが、あるかどうかさえ怪しい。

自然像と結びつく、あるいはそれに投射される、自然観というのは、このようにして私の自然観のすべてではない。そのすべてを語ることも、いつかは試みてみるべきかもしれないが、ここではもっぱら、自然像と結びつき、それに影響を与え、またそれから影響をうけつつある自然観のみを、とりあげることにしたいのである。

二

さてもう一ぺん自然にもどって、自然には、人間が誇りとする人工の機械や人工の美にくらべて、すこしも遜色のないものが存在する。そして、いうまでもなく、それが生物だったのである。生物の中には、寄生虫のような醜悪なものもいるけれども、チョウを見てもトンボを見ても、あるいはトリ・ケモノのたぐいをみても、そう考えざるをえないところがある。

ではどうして、チョウの翅は美しい色をしているのだろうか。あるいは、トリは美しい声でさえずるのだろうか。こうした一見素朴な質問に対して、答える道がまず二たとおりある。その一つは、それはチョウの翅の鱗粉に、かくかくの物質がふくまれているからだとか、あるいはトリの舌やのどの構造が、かくかくになっているからだ、とかいった答えである。これを構造論的な答え方といっておこう。

もう一つは、その答えの当否は別として、たとえばチョウの翅の美しさは、それによって同種の個体が、お互いどうしを識別するためであるとか、トリの声の美しさは、同種の異性をひきよせるためであるとか、いったような答えである。さきの構造論的な答えだって、答えとして間ちがっているわけではない。しかし、この答えのほうが、より自然にはいりこみ、自然の中から生物をみた答えである、といえるであろう。すくなくとも、チョウの翅の美しさが種類ごとに異なり、トリのさえずる声もまた、種類ごとに異なっていることを、知ったうえでの答えである。このような答え方を、機能論的な答え方ということにしよう。

ところでこの二つは、まったく別な立場からの答えであるにもかかわらず、二つともが、ではどうしてこのような美しさが生まれてきたか、ということに、すこしも触れていない。まったく触れていないのである。だから、その点では、構造論的な答えも機能論的な答えも、それらはともに、これを現在論的な答え方である、ということができる。

しかし、われわれには、こうした美しさの構造や機能がくわしくわかればわかるほど、あるいは、わかってもわからなくてもそれとは別個に、自然にはどうしてこのような美しいものが、存在しているのであろうか、それは、いつ、どこから、どのようにして現われてきたのであろうかという、いわばもっと自然の核心にせまった、深い問いかけがあるのだが、それに対しては、構造論的であろうと機能論的であろうと、現在論的な答えをもってきたのでは、まるで答えにならないであろう。これに答えるためには、別に、歴史論的あるいは発生論的な答え方を、用意しなければならないのである。

ではそれに対して、どういう答え方があるであろうか。私はいままでに、二つの答え方があったと思う。一つは、万能の造物主がこれをつくった、という答えである。この答えはその根底において擬人的であるから、かえって説得力をもち、長いあいだ人間の自然観を支配してきた。つぎの答えは、これに代わるものとして出てきたのであるが、まえの答えとの本質的なちがいは、自然によって自然を説明する、という立場をとっていることである。

すなわちそれは、ダーウィンの提出した進化論であって、すべての生物は、累積的な進化の産物であり、それ以外のなにものでもない、というのがその答えである。チョウの翅もトリの声も、はじめから美しかったのではなく、だんだんと進化してゆくうちに、美しくなったというのである。

しかし、だんだんと進化してゆくうちに、寄生虫のようにみにくくなったもののあることも、また認めねばならない。だが、人間が見て、美しくみえようと、みにくくみえようと、それにはかかわりなしに、今日この地上に生存をつづけている生物は、どんな種類でも、みな環境に適応できているからこそ、生存がつづけられているのである。そうとすれば、累積的な進化の産物というかわりに、すべての生物は、累積的な環境への適応の産物である、といいかえてもよいであろう。ダーウィンもこの点に着眼していたからこそ、適者生存といい、適者がのこって、不適者が死滅していくことを、自然淘汰という言葉で呼んだのである。

その後遺伝学が進歩して、突然変異ということを発見し、自然淘汰が問題になるのは、突然変異による変化であるというように、ダーウィンの説を修正した。したがって進化とは、突然変異による累積的な環境への適応ということになり、またわれわれのみる生物とは、こうした適応の結果であり、産物である、ということにもなるわけだが、これには一つの但し書がついていることを忘れてはならない。

それは、突然変異というものは、ランダムな、つまりでたらめなものである。でたらめなものであるがゆえに、これに自然淘汰のはたらく余地があるのである。そして、これに合格したものに対して、はじめて適応という言葉が許されるという、たいへん重要な、またきびしい要請がついていることである。

私も但し書のまえまでのところでは、ダーウィン説ならびにその修正説に、だいたい賛成なのであるけれども、この但し書に対してだけは、どうしても承服するわけにいかない。なぜか。ここに、実験室の遺伝学者と私のあいだの、自然観のちがいが出てくるのである。私にいわせるならば、これでは生物というものは、どれが当たるかわからぬでたらめの突然変異をつくって、運を天にまかせているようなものである。そんなこととの累積で、構造的にも機能的にもあれほどみごとにととのった、生物というものがつくりだされたとは、私にはとうてい考えられない。

それに、自然淘汰がはたらくというだけでは、なにがどこで、どのようなはたらきをするのか、いっこうはっきりしないのである。その結果の適応ということも、なにに適応したのか、これもまたはっきりしない。そこで私はさきに、環境への適応といっておいたのである。しかし、環境ということも、はっきりさしておく必要があるであろう。私がここでいう環境とは、非生物的環境も生物的環境も、そのいっさいをふくんだ環境であり、当面の生物をのぞいたのこりの自然全体を指すものとみてもよい。

ところで、その当面の生物というものさえが、いままではあまりはっきりされないままで、論ぜられていたのである。生物の種名はものの名前として、しょっちゅう使われていても、ダーウィンにはまだ種の個体が、バラバラのままで把握されていて、それが集まってつくる種社会というもののの認識がなかった。実験室で飼育したショウジョウバエを、もっぱらその対象にしている実験遺伝学者に、自然の認識がどれだけあったかは、疑問である。私のいいたいことは、進化は、実験室の外なる自然で行なわれてきたのであるから、すくなくともその生物的自然像を明確に見きわめたうえで、立論すべきである、ということである。

当面の生物というところに話をもどすと、生物的自然の基礎的な構成単位は種社会であって、バラバラな種の個体ではない。すべては、生物の種の起原をふくめて、ここから出発し直さねばならないのである。生物的自然という一大体系の一部を形成する種社会は、かりそめのもののではなく、部分としてつねにこの体系全体の維持に貢献しているとともに、またそれ自身として、みずからの維持をはかりつつある、一個の主体的存在である。

私の学生時代に、生物学へもようやく全体論的なものの考え方が、浸透してきて、私はその影響をうけ、それがこのような生物的自然像に結実していったのである。しかるに先輩である西欧の生物学者たちが、どうしてこういった方向に進まなかったのか、私にとっては、いまでも不思議に思えてならないのである。おそらく独学に近い私のほうが、かれらよりも、もっと自由なものの考え方を許された立場に、おかれていたのであろう。

それはさておき、このような体系の存在それ自体が、個々の生物の種の、無生物的環境への適応はもとより、生物的環境としての他種の存在に対しても、またお互いに全体の部分として、相互的適応を成りたたせていることを、前提するのである。さらにこうした見方をもってすれば、体系としての生物的自然は、なお変わりうる可能性をもっていようとも、現在これを、一応できあがったもの、完成したものと、みなすことができるであろう。災害で森林が破壊されても、ほっておけば、いつしかまたもとの極相林（きょくそうりん）(2)に復旧するというのは、この自然の完全さということを、物語っているように見える。実をいうとわれわれは、チョウの翅の美しさやトリのさえずりの美しさばかりに、自然の完成した美しさを認めていたのではなく、体系そのものを反映する森林や草原にも、やはり完成したものとしての自然美を、見いだしていたのであった。

だからダーウィンのように、進化は現在も進行中であるという見方に、そのまま賛成しがたいばかりか、遺伝学者のように、実験室内で突然変異がおきるからといって、それをそのまま自然でもおきているかのように要請するのは、事の順序を誤るものとしなければならない。とくに、その突然変異がでたらめなものである、というにいたっては、もはや自然を侮蔑し、これを冒瀆するものであるといっても、過言ではない。われわれの自然は、好きこのんでそんな無駄や気まぐれをしない自然である。自然には、自然のよってたつ経済があり、種社会にはまた種社会で、それを維持していくための、経済というものがあるからである。

三

すこし言葉が過激になってしまって、恐縮であるが、私は自然を、ディズニーの映画によく出てくるような、闘争に明け暮れしているものとは思わない。あれはすべて、ディズニー・プロダクションの仕込んだ、動物俳優の演出にすぎないのである。

私は、自然の秩序、自然の調和、あるいは自然の平衡などと呼ばれることは、すべて自然の完全さを表現しているのであり、自然は完成しているがゆえに、にわかには変わらないのだと思っている。人の世のあわただしい変転とは反対に、自然は十年前も、百年前も、おそらく千年前も、すこしも変わらぬ自然であり、そのことがまた、私のようなものに、自然に憧れをいだかせる、理由の一つともなっているのである。

だから、自然という体系にくりこまれ、その一部分を形成しているかぎりは、その完全さを維持するために、どの生物の種といえども、みだりに変わってはならないのである。したがって、どの生物の種も、その点ではみな、保守主義であり、現状維持主義である、ということができる。

このことを、もう一つレベルをさげ、生物の個体の立場で考えると、生物の種社会の形成にあずかっている個々の個体は、どれもこれもが、みな同じでなければならない、ということになる。もちろん、個体差というものも、ないわけではないが、種の立場からみて同じであったらよいのである。

ではどうして、同じでなければならないのであるか。生物の種というものは、だいたい種を維持していくうえに必要な数量以上の個体を生産している。それは、種の維持ということだけでなくて、同時に体系の維持ということが、満たされねばならないからである。だから、個体のあるものは、それを食って生活する他の種の個体の、餌食となるべき運命を、背負わされているのである。そのほか不慮の災難で死ぬものの数もすくなくないから、相当なゆとりをつくっておかないことには、種を維持していくことが、できないのである。

この場合に、はじめから、種の維持に適する個体と適さない個体を、つくっておき、不適格な個体を、消耗用に供してもよいわけである。ダーウィン流の自然淘汰説は、じつはこういう仮定のうえに、立てられていた。理屈はそうでもじっさいには、餌食になるのも含めたいろいろな不慮の災難に際会した場合、生物にだって運不運というものがつきまとう。適格者がたおれて、不適格者が生きのこることも、おこりうるのである。しかし、種の立場としては、それでは困るであろう。だからはじめから、どの個体も同じようにしておき、どれが生き、どれが死んでも、さしつかえないようにしておけば、それで種の維持は安泰ということになるのである。

しからばいったい、こうした自然の設計を、たれが、あるいはなにが、つくったのであろうか。私もこのへんで、いままでの現在論から、ふたたび発生論にもどることとしよう。造物主か。いや造物主は、刀折れ矢尽きるまで出てもらいたくない。突然変異か自然淘汰か。いやそのようなものは、もともと設計を実現するための手段であり、過程ではあっても、設計主そのものではない。ということになると、おかしな話だが、いままでの進化論は、ダーウィン以来、設計主を忘れた進化論だったことになる。造物主の退場を求めておきながら、その跡をうめることを忘れていたのである。

設計主は、生物の進化論であるかぎり、生物であるにきまっている。西欧流の学問というものは、どうしてこんな、わかりきったことを、認めようとしないのだろうか。設計主というものが、よそにいて、そこから指図しているのでなくて、この設計主は、自分が身をもって、設計を実現してきたのである。また設計主といっても単数ではなくて、すべての生物が、どれもこれも、みなひとしく設計主だったのである。さきに使った言葉でいえば、つまりかれらのあいだの相互適応の結果として、自然はその体系化の完成を、見るにいたったのである。

そこで、もう一歩進めて考えてみるのに、この体系化は、生物のいろいろな種が、お互いに無関係にできあがったのちに、お互いの間の調整をとる必要にせまられ、そこではじめて相互適応と、その結果としての体系化が現出した、というようなものではなくて、自然ははじめから一つの体系であり、その構成要素としての生物は、この体系を成りたたせるために、はじめから相互適応していた、と考えたほうが、理解しやすいのである。そして、そういった体系が、みずからの自己運動として、生長し、発展し、充実していくところに、それを構成する生物の進化があった。

生物の進化は一面からみれば、生物による生産量の増加につながり、それはまた、非生物的たると生物的たるとを問わず、環境利用度の増加につながるものであるが、ここで注意したいことは、生物の環境利用といっても、これは、それぞれの生物の種によって、その利用する環境が異なっている、あるいは同じ環境でも、その利用の仕方が異なっている、ということである。

そして、このことは、生物が道具を用いないで、もっぱら親ゆずりの身体をもとでとして、環境を利用しなければならない立場にあるため、ちがった環境を利用しようとするものは、ちがった身体のつくり、あるいははたらきを、持たねばならない、ということと深い関係がある。すなわち、一つの種でも、二つのちがった環境を利用するためには、いきおい二つのちがった種に別かれねばならない、ということである。それはまた、一方の環境を利用するようになった種は、もう一度身体をつくりかえねば、もはやそのままでは、もう一方の環境の利用には適さない、ということでもある。するとその結果は、二つの種が、二つのちがった環境を棲みわけて、相おかさずに、共存できることとなるから、この二つの種はそれぞれの環境に適応しつつ、同時にそのあいだの相互適応をも、成りたたせている、ということができるであろう。

このようにして、生物による生産量の増加は、利用できるかぎりの環境を利用することであり、それを結果的にみると、つねにある限られた環境の利用者としての、あるいはその利用の特技者としての、生物の種の数がふえることであるとともに、またそれらの生物のあいだの棲みわけが、それに伴なってその密度を高めることでなければならない。

これをもう一度、体系の立場から考えてみると、いくら生物の種の数がふえても、それを特殊な環境にはめこむことによって、部分化し、そこにその種社会を安定させ、安住さすことができるのであるならば、種の数の増加は、体系の発展であり、充実であるのだから、ふえられるだけふえたらよい、ということになるのでなかろうか。

だから、いまでもまだ環境に利用しうる部分がのこっており、それを利用しようというものが現われて、その環境に適応していくならば、そこに新種の形成される可能性を、私は否定しようとするものではない。けれども、このような条件をなにも考えてみないで、ただ種の個体のあいだにでたらめな突然変異がおこっているといい、それがもとになって、やがて新種がつくられるだろう、などというのは、いかに自然から遊離した、せまい実験室内の理論のための理論にすぎないかを、ここで重ねて指摘しておきたい。

しかし、体系としての生物的自然も、いつもいま見るように、安定、不変な状態にあったものとは思われない。私はいま、自然や生物の歴史からいえば、比較的近い過去に、何度も大氷河がこの地上をおおうたという、氷河時代のことを考えているのである。そのときには、気候帯が前進したり後退したり、ときによっては、延びたり縮んだりしたであろうから、生物の側でも、この環境の変化に応じて、これに応対するのに忙しかったことであろう。

ただ、そのような場合でも、私の考えでは、生物側で応対の主体となるのは、つねに体系の正統な構成要素としての、種社会そのものであって、けっして個々のバラバラな個体であってはならないのである。もしも、新しい環境に適応または再適応するために、新種とならねばならない場合に遭遇したとしても、変わるべきものは、種社会の全体か、あるいはその中のまとまった一部であって、その結束はかたく、かりに突然変異が現われたとしても、絶対にそのような得体のわからぬものに、乗ずるすきを与えなかったであろう、と思うのである。

もしもまた、新種になるという衣がえ、あるいは身体のつくりかえのために、突然変異が必要であったとしても、個体がバラバラに、でたらめな突然変異をするのでなくて、どの個体も、多少の後さきはあるにせよ、みな同一の突然変異をするのでなければ、話が合わない。なんとなれば、さきにも述べたように、種社会を成りたたせている個体というのは、どれもこれもが同じようにつくられていなければならないからであり、したがって、突然変異が、ある環境の変化に対する種としての反応であるかぎり、その個体のどれもが同じ反応を現わすように、なっていなくてはならないからである。

これでひととおり、いいたいと思うことをいい終わったのであるけれども、なおつけ加えるとするならば、現在の生物的自然といえども、完成のあまり、変化を完全に停止しているとは、かならずしも考える必要がない、ということである。

いままで述べてきたことと、ちょっと矛盾するかのように、受けとられるかもしれないが、それはこういうことである。生物の種は、ある環境にはまりこみ、棲みわけを完了したうえは、そこに安定し、安住し、いわば天下太平であるはずである。それにもかかわらず、生物にはなお、なにほどかの変異性ないしは創造性が、潜在能力として秘められ、いざ鎌倉というときのそなえに当てられていると思うが、それが小出しに、どこかにはけ口を求めている。

あるいは、さきに発動した変異の惰性として、その余震として、なおすこしずつははき出さねばならないのかもしれない。しかし、適応を完成したいまとなっては、これをどこか非適応面に用いるのほかないであろう。そこで、チョウの翅やトリの声が、必要以上に美しくなったものでなかろうか。はじめにチョウの翅やトリの声を持ちだしたので、一応後仕末をつけておきたかったのであるが、説明はとにかく、これらは進化において、エラボレーション(3)と呼ばれる現象に属するのである。

四

私は、本稿のはじめに、自然に対置されるものとして、人工をえらんだが、西欧流の考え方では、自然に対置されるものは、人間である。しかし、私は、人間もまた自然である、と思うようになった。人間のからだ、そして、そのからだに男女の別があるところなどは、どう見たって自然にちがいないのであるが、そういうこととは別に、私は、人間もまた自然である、と思うようになったのである。

自然を求めて歩いているうちに、私は、山奥の農家や、木こり炭焼きといったような、自然の中でわびしく生活している人たちを、知るようになった。そうした人たちの中には、冬は雪山に登ってシシやクマを狩り、夏は渓流にかくれてイワナを釣ることを、生業にしているものさえあって、私を羨ませもしたものであるが、それとともに、そうした人たちに出あうと、私はいつも遠い昔の人間に、出あっているような気がしたものである。

その後世界の方々を訪れて、そこにもこれと同じような、自然に埋もれ、いわば半自然的生活を営んでいる、多くの人びとを見るにつれ、私の考えはしだいに固まってきた。人間ははじめから自然に対置されるようなものでなくて、人間もはじめは、他のもろもろの生物と同じように、自然の体系の中に、編入されていたにちがいない、という考えである。

人間の祖先は、道具をつくって狩りをするようになってから、ようやく自然の中で頭角を現わすようになったというものの、まだ自然の経済に拘束されて、この場合なら獲物となる生物の数に拘束されて、わずかな人口を保つにすぎなかった。牧畜や農耕をはじめて、人間が自分で食糧を生産するようになったといえば、生活技術上の大飛躍であり、革命的なものであるかのように、受けとられやすいけれども、それだって、自然の体系内にある人間が、体系内のある動物ないしは植物を、保護し、管理しているというだけでは、アリマキを飼い、キノコを栽培するアリに、その先例を見ることができるのである。

自然と人間との対立の第一歩は、人間が広大な沖積原を開発して、これを耕地化し、そこからとれる余剰食糧によって、その上に多数の人口を収容しうるようになったときからはじまる。それが一方では、古代文明の発生を促すことにもなるのであるが、私がここでいいたいことは、いままで自然に埋れて、細々とくらしていた人間が、ここにおいてはじめて、自然とは別個な、人間と人間に隷属した生物だけの領土、あるいは世界を持つにいたった、ということである。

これは明らかに、いままでその中に籍をおいていた、自然という体系からの人間の離反であり、離脱である。人間はこうしておいて、こんどは人間の中に新らしい体系をつくるのであるが、それにはここで触れている余裕がない。ただ、こうして袂(たもと)をわかってしまうと、いままでのようにその中で、鼻をつき合わせて暮らしていたのとはちがって、遠のいた自然はよそよそしく、そこにまだ残っている人間もふくめて、それはしだいに別の世界と思われるようになってくる。

やがて、こうした人間の領土が、中近東からインドに拡がり、アジア、ヨーロッパ、アメリカと、だんだん拡がってゆくが、その最初の領土が、鬱蒼(うっそう)と茂った森林地帯でなくて、自然からみればその辺疆(へんきょう)の一つにあたる、乾燥地帯からはじまっていることは、興味が深い。人間は、自然による利用度が低く、したがって自然の抵抗のもっともすくないところに、まずその領土を確保したのである。

人間の領土に文明が栄え、宝石や金属の需要が多くなると、いきおいこれを領土以外の地、すなわち自然に、求めるようになる。その他なんでも、よいもの役にたつものを、すなわち価値のあるものを、自然から取ってくるようになる。いきおい、人間世界にすむ人間の眼には、自然は利用のためにこれを略奪すべきもの、ということにならざるをえない。その揚句は、自然にのこった人間まで捕らえてきて、これを奴隷に売るようなことにもなった。

このように考えてくると、自然に人間が対置されるといっても、それを、文字どおりまともに受けてはいけない、ということがわかる。自然に対置された人間というのは、人間世界の文明の中にすむ人間のことであり、アフリカ人は人間でなくて、自然の一部と考えられていたのである。しかし、まことに奇妙なことであるが、それならばまた、私の考えるところとも、たいした食いちがいのないことになる。アフリカ人も一世紀まえには、まだアフリカの自然に、埋もれていたにちがいないであろう。

ついでに、アフリカのことを、すこし書いておこう。アフリカには植民地体制のときから、方々に、広大な地域を占めた国立公園や野獣保護地域が、設定されていた。これはもちろん、白人のあくなき殺戮から野獣を守ろうとしたものであって、同じ白人でもその提案者たちの、情のこもった心づかいには、謹んで敬意を表したいのである。

しかし、この人たちはアフリカ人のことを忘れていた。あるいは、忘れていないにしても、かれらはいつまでも、野獣とともに自然であることを、変えないだろうと思っていたのかもしれない。しかるに、独立して自由になったアフリカ人たちは、おれらも文明人になるというのである。そして、どしどしとその耕地をひろげはじめた。そうなると、自分の国でありながら、かれらの自由にならない、広大な国立公園や保護地域が、邪魔になってくる。植民地時代の遺制であるということも、気にいらないのかもしらないが、いずれはどこにおいても、問題になることであるにちがいない。もとは一つになっていたアフリカの自然と、アフリカ人とが、こうして相対立することになる。野獣を救うべきか、それともアフリカ人を救うべきであるか。

わが国ではいままで、こういった自然と文明との正面衝突はおこらずに、私のいう山住みの半自然的生活者を媒介として、自然と文明とは、比較的調和のとれた共存を、つづけてきた。それで、すこし山深くはいれば、ブナの原生林がみられ、われわれはけっこう自然を楽しむことができたのである。

しかし、戦後は事情がだいぶ変わってきた。そのブナの木も、合板になるとか、パルプ材になるとかいうので、眼をつけられ、また利用者の技術が、このごろではかくだんの進歩をとげたため、どんな山奥まででもブルドーザーが道をつけ、いままで残っていた原生林が皆伐されて、その跡にはカラマツなどの植林の、行なわれているところが多くなった。

この間も、東北の山の二、三に登って、感じたことであるが、東北の山といえばブナの重厚な原生林で有名だったのに、そのブナ林の大半はすでに伐採され、現在もなおその伐採はつづいていて、どこへ行ってもチェーン・ソーの響きを聞いたが、あれは鋸の音ではなく、伐られていくブナの木の悲鳴のような気がして、いたたまれなかった。

そこでわが国でも、数年まえから、遅まきながら、自然保護が叫ばれだし、その組織も一応ととのってきたようであるけれども、すでに手おくれの感があるばかりでなく、現在伐採が行なわれている奥地の森林の、ほとんどすべては国有林なのであるから、これは営林署、すなわち国が率先して、自分の手で自分の自然を破壊していることになるのである。これをもってわが国は、国立公園の存在に悩むアフリカの新興独立国よりも、文明が進んでいるということに、なるのであろうか。

しかしこれは、よく考えてみると、自然の破壊ではなくて、自然の改造である。ブナを伐ったあとには、カラマツがちゃんと植わっていたからである。自然から独立した人間は、はじめの頃は自然と対立し、これをもっぱら略奪するばかりであったかもしれないが、人間の側の利用が進むにつれ、人間は自然を改造することによって、これを馴化(じゅんか)し、その利用の永続化をはかるようになった。それはすなわち、人間による自然の人間化にほかならない。

自然は、それ自体として、環境の利用をはかり、その生物の種をふやし、その体系を整備していったが、いまやそれも、ほぼ完成の域に達し、そのままほっておいたのでは、それでもう生物による環境の利用ということも、ひいては進化ということも、とまってしまう。それではいけない。

そこで、最後になって新らしく自然に登場してきた人間が、自然の握っていたバトンを受け継ぎ、自然にかわって環境の利用をはかることとなり、人間はすでに、生物の利用しえなかった非生物的環境の利用において、すさまじい成功を収めつつあるばかりか、生物的自然そのものをも、人間の利用の立場から、これを改造し、これを人間的体系のもとに再編しようとしている。かくして、この地表上にのこる自然は、おそかれ早かれ、いずれもみな人間化されざるをえない。いまになって自然の保護地をつくってみても、それさえが人間化された自然の一部にすぎないであろう。

こう割り切ってしまえば、もはやなにもいうことはない。しかし、理論はそうであっても、情緒として、私が人間化された自然よりも、人間化される以前の、オリジナルな自然を愛惜する気持ちには、すこしも変化は生じていない。何年かたって、カラマツ林にすっかりおおわれた日本の山を歩くのも、また捨てがたいところがあるかもしれないが、私は、私の生涯が、ブナとともに存在し、ブナとともに消えてゆくことをもって、せめてものなぐさめとするものである。

（一九六六年　六四歳）

Orangutan

山の大きさ

山を愛するとか山が好きだとかいっても、山はセパードを愛したり、骨董が好きであったりするようなわけにはゆかぬ。山はわれわれの身体にくらべて、比較にならぬほど大きいのである。大きいものは強い、大きいものに出あっては勝てない、かなわないといった、一種の動物的感情の名残りが、まだわれわれのどこかに潜んでいるようだ。小さいといわれて、褒められたと思うものもなかろうが、君は大きいねといわれれば、いささか得意な気がする。

太陽はとても大きいものだろうが、われわれの見る太陽には、大きさの実感が伴なっていない。山の大きさは、実感の伴なった大きさである。一本の木でも何百年の齢を重ねたという老木になると、なにか霊気を感ぜしめるものがあるのか、それとも妖気を漂わせるようになるのか知らないが、いわゆる神木に祀り上げられる。これも大きさからの実感がしからしめるものなら仕方がない。一本の草花だって、あるいは一匹の昆虫だって、自然物には相違ないが、せいぜいで造化の妙[1]を極めているなどといわれるぐらいで、草花や昆虫が、神様になったという話を聞いたことがない。けれどもわれわれにくらべて、比較にならぬほど大きいという実感を与える山であってみれば、山に神の顕現を見るということは、昔ならあってもあえて不思議はないのである。

しかし、大きいから恐ろしいから神様に見たてられたような山に対して、われわれが真実に愛するとか好きだとかいったような感情を、いだくことができたであろうか。わたくしは一応これを疑ってみるのもよいと思う。山ははじめ神様として、遠くから賛美されたかもしらぬ。その時代にはまだ山へ登るという行為は、おそらくなかったであろう。ついで山へ登るようになったが、それは人間が神様の助けをかり、その救いを求めようとしたからである。人間が山に対して行動を起こした、それが山へ登るということであった。山へ登るという行動は、頂きまで行かねば終わりにならない。かれらにすれば、危険を冒してはるばると登りつめた頂きである。だがそこにかれらの感情に答えるようなものが、なに一つ見いだされなかったということは、あまりにもさびしすぎたので、とにかく祠(ほこら)のようなものが、安置されることになった。ところで祠ができたために、神様が山から祠へ遷座(せんざ)したことになったのでなかろうか。

山へ登らねばならなかったことも、頂きに祠をおかねばならなかったことも、要するに御神体としての山が、大きすぎたからであった。注連縄(しめなわ)を張りめぐらすべくあまりにも大きすぎたからであった。たしかに山はわれわれのだれよりも大きい。それはわれわれの家よりも大きい。それはわれわれの町よりも大きい。それはわれわれの近代都市よりも大きいであろうか。ちょっと考えたうえで、やはり大きいことにしておこう。だがどうも山の中には怪しいのもあるのじゃないか、という気がする。ええと富士山と東京、富士山は五万分の一が四枚だし、東京は何枚だったかな。そんなことを考えても、それは広がりの比較だけにしか役立たない。富士山の大きさとは、じつは高さをもった大きさである、とがんばってみても、もうわれわれの近代都市というものがなんらかの意味で山の大きさに、肉薄するような大きさを持っていることを否定できない。

実感に訴えるために近代都市というものを持ってきたが、わたくしのいいたいところは、われわれの身体と山との絶対的な大きさの隔たりは、昔もいまもすこしも変わっていないけれども、われわれの生活内容の拡大につれて、山の大きさはわれわれに対して、相対的に小さくなったということである。われわれはもはや山を神様とは見たてないであろう。われわれもまた山へ登る。しかしわれわれは、もはや頂きの祠に参拝せんがために山へ登るものではないであろう。

（一九四〇年　三八歳）

探検十話

小学生時代の経験

　私は、子供のころに、その中で育った環境から受ける影響というものは、いつまでも消えずに残るという説を、ある程度までは信用しているので、まず小学生時代の私をとりあげて、そのころの経験の中で、私のその後の行動と、関連したことがあるかどうかを、調べてみる。

　私の子供のころには、いまならだれも、一笑に付して顧みないようなことを、大の大人が大まじめで、話していたものだ。化けもの・ひとだま・神がくしのたぐいから、清水寺の三年坂でころんだら三年以内に死ぬ、といったことまであって、家の外へ出たら、こわいものだらけである。家のなかだって、奥州のようなザシキワラシは住んでいなかったが、それでも節分の夜に便所へ行くと、カイナデというものにおしりをなでられる、といって気味悪がった。

こうしたいわばチミモウリョウ(魑魅魍魎)の、どこにでもうじゃうじゃいる環境で育つのだから、私の心の中には、おのずから汎神論[1]的な傾向が助長されて、後になって書物から得た借りものの知識でなく、それはもっと肉体と密着した、私のパーソナリティの一部といったものになっていないともかぎらぬ。そしてこのことは一面で、超越神とか、この地上を離れた天国とか、他界とかいったものに対する私の感受性をにぶらせたかもしれぬが、他面では地上の、とくに生あるものの周囲に私の興味を集中させ、人間のみならず、人間以外のすべての生物に社会があるという、私の独自な汎社会論の源泉となったかもしれないのである。

さて、小学生であったころの、ある夏の日に、私は友だちに誘われて、虫取りに出かけた。ついうかうかと歩いているうちに、道に迷ったわけでもないが、気がついたときには私たちは、家を遠く離れた広い林の中にいた。友だちも、ここへはまだ一度も来たことがないという。そこももちろん、チミモウリョウに満ちた世界の一角であるはずだし、私たちはみな心細かったにちがいない。しかし、そのとき私は、梢をもれて降りそそぐ日光に、明るく照らしだされた林の中を、あてどもなく歩きながら、そこにむしろ、その場の不安な状況とあえて矛盾するところのない、甘美ななにものかのあることを発見した。

そのときはまだ、自然・山・探検などということの理解もないし、またもちろん、大人たちのいうことは、安全第一主義であり、現状維持の保守主義であるということを、見抜けるわけでもなかったが、この経験は少なくとも、大人たちがこわいから行くな、というところだって、行ってみれば自分を受けいれてくれるなにものかがある、ということを私に教えたにちがいない。そうとすれば、この経験は、私の人生の最初の重要な方向づけであった。なんとなれば、私はその後、大人たちの住む世界と、この大人たちの恐れる世界との間を、繰りかえし往復しながら、私の一生を過ごすことになるからである。

私のこのはいり方は、チミモウリョウの存在を否定したうえで、そこへはいっていったのではなかった。だから大人たちのいうとおり、そこにチミモウリョウがおったって、よかったのである。もすこしあとになると、そうしたものに、かえって興味をひかれ、どこかに潜んでいるものなら、一度お目にかかってみたいと思うようにもなったが、どこを歩いてもそのようなものは、影も形も見つからぬので、これはどうやら人間の精神の産物らしいということがわかり、それでけりがついたのである。

京都近傍の山山

中学校へはいったとき、たまたま受け持ちの先生が、二万分ノ一の地図を、一万分ノ一に直すことを、宿題に出した。これが私と地図との、一生の結びつきのはじまりである。ところで、私のおやじが、すこしぐらいなら地図を持っていた。おやじは予備の陸軍中尉だったから、当時の陸地測量部の地図を、演習用に持っていたところで、怪しむに足らないが、それを見ておどろいたことには、いままで京都で高い山といえば、比叡山と愛宕山だけだと思っていたのに、その地図には、比叡山よりも高い栈敷ヶ岳という山や、愛宕山よりも高い地蔵山という山が、載っているではないか。

では、その栈敷ヶ岳というのは、いったいどの山だ、ということになって、学校の帰えりに友だちと、加茂川にかかった荒神橋の上から、地図上の山と、そこから見えるじっさいの山とを、いちいち照合してみたところ、いままで注意していなかったというだけで、その山は、京都の西北隅に、いつでもちゃんとその上半身を、のぞかしていたのである。

ここでやめてしまっても、よいかもしれない。しかし、あるものの存在を、まず知識として発見し、つぎにはその実物を、遠くからではあるが、じっさいに発見した。するとそのつぎには、さらにそれに近づき、小さいものなら手に取りあげてながめ、できればこれを自分のものにしたい、という欲望があらたに生じてきても、また当然でなかろうか。ただ山の場合には、相手があまり大きすぎて、手に取ったり、標本にしたりするわけにゆかないから、その山の頂上まで登るという行為によって、この欲望を充足さすのである。

私はこのようにして私の発見した栈敷ヶ岳にも、地蔵山にも、その他の山山にも、登ってきた。いまでも私はこのプロセスを、できるだけ忠実に踏襲(とうしゅう)している。私がよい天気でないと頂上を踏みたがらないのは、一つには、頂上に立って見えるかぎりの山山を同定し、つぎに登るべき山を、自分の目で物色しなければ、気がすまないからである。

もちろん山登りには、いろいろな登り方があってよいことを、私は認める。だから私の登り方は、そのいろいろな中の一つであるにすぎない。

そもそも私が山登りを始めた京都近傍の山というのは、丹波高原という別名が表わしているように、もともとどこにも、これといって図抜けた高い山がない。どちらを見ても同じような山ばかりで、山頂といっても、いわば波間にできた波頭のようなものである。そのうえ、これらの山山は、その山あいのいたるところに山村をはぐくみ、ひさしく人間との交渉をもちつづけてきたため、その自然と人間が融合し、人間と自然との間にはしだいに変わる移りゆきが見られても、そこに飛躍もなければ対立もない。

そんな人間くさいヤブ山を対象としているかぎり、自然との対立から自然の征服へという発展を基調としたヨーロッパのアルピニズムのようなものが、どうしてここから生まれてこよう。日本に従来からあった信仰登山でさえも、仰ぎみるような高い山のあるところでなければ、発達していない。

だからここで私たちが始めた山登りは、ひろがる山なみを、なるだけひろく踏破するという、ただの山歩きといってもよい程度の、素朴な山登りにすぎなかったけれども、その素朴さがかえって、将来私たちに近代的登山へでも、あるいは探検へでも、そのどちらへでも向かえるだけの、幅のひろい基礎的経験を与えることになったのであろう。

沢歩き

渓流というのは、中国起原のことばかもしれない。しかし、中国に、はたして日本のような、すばらしい渓流が、豊富に存在するだろうか。

渓流は、その水がきれいで、冷たく、うまくなければならない。ヒマラヤは、山の高さという点では、天下に冠たるものであるが、その渓流の水は、氷河の底をくぐってくるため、いくら冷たくても、細砂を含有して灰白色に混濁し、とうてい飲めたしろものではない。熱帯の水や寒帯の水は、腐蝕酸を含んで、褐色に着色しているから、これも落第。日本でも岩手県や青森県あたりまでゆくと、もういくらか色が着いている。

水がいつもきれいで、冷たく、うまいためには、その水を供給する山が、中緯度に位置して、適度に高く、山はだを重厚な森林でおおわれているうえに、降水量による補給が、四季を通じ間断なくおこなわれていることを条件とする。日本アルプスを縦断した黒部川などは、さしあたり日本における第一級の渓流を代表するものといえよう。

京都近傍のヤブ山で、四年ばかりの修業をつんだのち、私は黒部川へ出かけた。ようやく功名心がきざしてきて、人跡未到といわれる場所を、踏破してみたくなったのである。どこか剣か穂高の岩場でもよかったわけだが、このときはまだ岩登りの勉強を正式に始めていなかったから、沢にしたのである。

しかし、これでまた、私のこれからとるべき方向の、一半が決まったともいえよう。私はそのときから、氷河もなく、岩場にも乏しい日本の山において、沢歩きこそはその登山の神髄であり、中核をなすものでなかろうか、と思うようになった。また、登頂ということを別にして、沢歩きそのものだけを取り上げてみると、これは登山というよりも、探検により近い行為なのではなかろうか。

岩登りのような舶来の技術を追うて、乏しい岩場に密集することばかりが登山ではなかろう。私は、渓流にめぐまれた日本に、外国にない沢歩きの技術体系が、どうしてもっと発達しないのかを、不審に思うのである。

さきに私は、友だちと虫採りにいったことを述べたが、それは、男の子ならだれでもが好む、カブトムシやクワガタムシを、採りにいったのである。やがて私は、チョウチョウを採って、とめ針でさし、それを箱に並べだした。どういう動機でそんなことを始めたのか思い出せないが、その後小学校へ、昆虫を熱心に集めていた先生が赴任してこられ、私はその標本を見せてもらって、ひどく感心し、それからのちも昆虫採集をつづけ、そんなことでとうとう大学も、農学部で昆虫を専攻することになる。

しかし、いよいよ卒論というときがきて、私は困った。書斎の文献学者になれない私は、実験室の研究にも、また向かないようにできていたのである。私はこのとき渓流に救いを求めた。そして「日本アルプスの渓流昆虫について」という卒論を書き、それが因縁となって、その後は渓流昆虫の中のカゲロウ類を調べることになり、そのカゲロウ幼虫の分布からヒントをえて「棲みわけ理論」をつくりだした。

カゲロウの研究は、戦争中にやめたが、それからもイワナやヤマメを釣りに、渓流へ出かけた。しかし、ただ釣るだけでは物足らぬので、イワナやヤマメの分布を調べて歩く。私はこれを勝手に、イワナ探検とか、あるいはヤマメ探検とか称しているが、これはいまでもつづいている。なにしろ釣竿一本を携(たずさ)えて、全国の渓流をめぐろうというのだから、私と渓流の縁は、どうやら死ぬまで切れそうにない。

近代的登山技術

わが国における近代的登山の勃興(ぼっこう)について、このへんで一言しておきたい。私のいいたいことは、それが教祖というにふさわしいような一人の先覚者の創意に始まって、しだいに方々へひろがっていった、というようなものでなく、ほとんど時を同じうして、東京にも、京阪にも、名古屋にも、あるいは金沢にも、あるいはもっと遠い札幌にも、同じような傾向がみられるようになった、ということである。

もちろん、くわしくみれば、このムーブメントを推しすすめた、それぞれのグループに、先覚者的役割りをになうべき、リーダー格の人間が、何人かはいたことであろう。しかし、たとえば、京都と大阪の間にあってさえ、私の属した京都の三高山岳部や京大旅行部と、大阪の

R・C・C[2]とは、お互いに無関係に、別々に独立して、岩登りを始めているのである。

明治維新を一つのムーブメントと考えるとき、やはりこれと同じような現象が、各藩ごとにみられたのでなかろうか。社会や文化の変化には、しばしばこのような同時発生的で、しかも独立発生的な、いわば集団突然変異とでもいうべきものを、ともなうのであるかもしれない。

さて私も、なんとか無理をして、比較的早い時期に、近代的登山技術を身につけることができた。それからあとは、身につけた技術を生かして、スキー登山や岩登りを楽しんでいてもよいのである。しかし、このときすでに、私は黒部川で前人未踏派になっていた。冬季初登頂とかスキー初登頂とかいってみても、夏にはすでに人の登りふるした山へ、登り直しているのである。そんなのは、一種の気休めにしかすぎない。

岩登りだって同じである。私たちの技術は、そのころ早くも、三ノ窓のチンネ[3]や北岳のバトレス[4]を軽くこなせるところまできていた。しかし、それも気休めだ。そのうえ同じ岩場のバリエーションをやって、重箱のすみを楊枝(ようじ)でほじくるようなまねはしたくない。そもそも近代的登山技術とは、それなくしては登りえない山に、それを用いることにより、はじめて登りえたというところから、発祥したはずのものである。そうとすれば私たちが、せっかく身につけた近代的登山技術も、それでこなせるかどうかを、すべからく前人未踏の処女峰に向かってためしてみるべきであり、その行為の中にこそ、まさしく近代登山精神の継承がみられるのでなければならない。

これは中学時代から、ヤブ山のピークハンティングを重ねてきたものが、前人未踏派になって、我田引水的な理屈をつけたきらいが、ないとはいえない。しかるにたまたま慶応と学習院の連中が、カナディアン・ロッキーに遠征することとなり、しかもかれらは、岩峰アルバータを選んで、見事にその初登頂をかちえたのであるから、さあこちらも、こうなってはおとなしくしていられない。

同じやるならアジアの山を、それもヒマラヤをやろうじゃないかということになった。そのまえから、イギリスがエベレストを試みていることは、知っていたけれども、ヒマラヤなんて、どうせ高嶺(たかね)の花だ、という気持ちが、どこかにあったにちがいない。それを押しのけてくれたのは、カンチェンジュンガを試みたドイツのババリヤ隊の報告だった。とくにその費用が、当時の金にして一万円ぐらいしかかかっていないことを知ったとき、ヒマラヤは案外手の届くところにあるように思われたが、優秀なメンバーをそろえていながら、けっきょくこの金のメドがつかないままに、最初のヒマラヤ計画は挫折し、私は進路の転回を余儀なくされるのである。

最初の遠征登山

最初のヒマラヤ計画が挫折したので、私はさっそく友人をさそって、樺太(からふと)へ(5)出かける手はずをととのえた。こういえば、私のこのスイッチの切りかえの早さにおどろく人もあり、ヒマラヤと樺太とのあいだに、どのような関係があるのかといぶかる人もあるであろう。

ヒマラヤと樺太のあいだには、なんの関係もない。ただ私はまえから、動物の分布に関心をもっていて、高山の、たとえば日本アルプスの動物相と、樺太のような北方の動物相とのあいだには、なにか歴史的なつながりがあるにちがいないと思っていたから、どうせ一度は、ブラキストン線(動物地理学でいう津軽海峡のこと)や八田線(同じく宗谷海峡のこと)をこえて、樺太をたずねてみたい、と思っていたのだが、山のことにかまけて、それがまだ果たせていなかったというだけのことである。

しかし、そのころの私のことであるから、樺太へ行っても、やはり山があったら、登るつもりだった。そのころにかぎらず、また、樺太にかぎらず、またあえて、山というほどのものでなくても、そのへんに高いところがあれば、かならずその一ばん高いところにあがって、一度四方を見渡さないことには、私はもはや気がすまなくなっていたのである。習い性となるとは、こうしたことをいうのであろう。

樺太をえらんだ理由としてあげねばならないことがまだある。いやしくも前人未踏派を名乗るものが、陸軍のつくった地図を肌身はなさず持ち歩き、なにかといえばそれにたよっているようでは、後手もはなはだしい。といって、日本の国内であるかぎり、残念ながら、もはや陸地測量部の測量していないようなところは、どこにも残っていないのであるが、ただ場所によっては、その部分が要塞地帯であるために発売禁止になっていたり、あるいは測量が比較的新らしいために、未発売であったりして、地図の手にはいらないところがある。

樺太は、このどちらに該当するのか知らないが、地図の手にはいらない地域に属していた。

たいへん結構、そういうところでひとつ、私たちの実力をためしてみようというわけである。いっしょにいった仲間の一人は、それで、コンパスと歩度計とハンドレベルをつかって、簡易測量をしながら歩いた。

私たちが歩いたのは、幌内川（ほろないがわ）よりも東にあたる樺太のいわゆる東北山脈で、登った山は、その山脈の日本領内における最高峰、沖見山であったが、山といってもせいぜい一〇〇〇メートルを越した程度の低い山であったから、自慢にもならないし、またそんな低い山へ登ることが唯一の目的で、樺太くんだりまで、出かけていったと思われても、困るのである。むしろこの程度の山登りは、全行程からみれば、一つのエピソードにすぎないのだけれども、それでもまだ私たちは、こうした行為を探検とは呼ばずに、遠征登山と呼んでいた。ヒマラヤ計画のあとでもあり、それほどにこのころは、登山に傾斜していたのである。

しかし、名前はなんといおうと、この樺太行によって、私ははじめて探検らしい経験を味わった、ということができる。そこは第一、自然環境が日本の内地とはまるでちがうのである。私はまたそこで、アイヌやオロッコという、われわれとはちがった民族に出あうことができた。

蛇行する川の流れに沿いながら、今日はどこまで行けるのやら、当てもなくさまよい歩いていたときに、私は少年のころ虫取りに行って、林の中をさまよっていたときのあの甘美なあるものを、いつかふたたび発見していたのである。

内蒙古探検

私の樺太行が刺激になったものか、その後遠征登山がさかんになり、樺太ばかりでなく、千島・台湾・朝鮮などに出かける隊が多くなった。そして、私たちは白頭山[6]の冬季遠征を試みることになる。これはしかし、樺太とちがって、たぶんに、ヒマラヤ登山の予行演習という意味をふくんでいた。私もこの遠征ではじめて大量の荷物の長途輸送であるとか、異民族のポーターの集団使用などという、本格的な探検にとって必要欠くべからざるいくつかの操作を経験することができた。

そこまで高まってきていた、ヒマラヤ計画であったが、それは再びあっけなく挫折した。その理由には、日本が中国で、それから何年もつづく戦争をはじめだし、スポンサーを得にくくなったということもあるが、なんといっても直接の痛手は、インド政府の許可がおりなかったことにある。

そのときの計画は、カラコラムのK2(7)を目標にしていた。ヒマラヤへ一度も行ったことがないくせに、いきなり八〇〇〇メートルのジャイアントをねらうなんて、まことに心驕れるやつだといわれても仕方がない。しかし、そのころの私たちは、ヒマラヤならどんな山でもいただきますというのでなくて、ヒマラヤという以上は、高さに対する挑戦でなければならない。したがって、その最高峰エベレストの頂上まで、人間の力で登れるかどうかが、科学的にみたヒマラヤ登山の最大の課題である。その意味で、エベレストでなくとも、目標としては、なるだけそれに近い、高い山を選ぶべきである、という主張をもっていたのである。

えらそうにいってみても、実現していたら、はたしてK2のどこまで登れたかは、疑問であるが、とにかく戦争がつづくかぎり、ヒマラヤ計画は、一時お預けのほかない。

そこでさっそく、軍の調査隊に便乗して、こんどもヒマラヤとはなんの関係もない、内蒙古へ行った。やはりまだ、遠征登山という気持ちから抜けきれず、陰山山脈には三〇〇〇メートル級の山があるらしいというので、ピッケルなんかを持ちこんだ。しかし、蒙古で山登りしようなどという量見が、いかに間ちがったものであるかはすぐわかった。私は、山のない蒙古へ来たことを後悔したであろうか。

その調査隊は、トラックをつらねて走った。私たちは、その中の一台のトラックに乗っていた。朝夕とちがい、日中は蒙古でもかなり暑いので、トラックをとめ、その陰にはいって昼食をとった。そこはちょうど浸蝕でできた谷間になっていたので、短い休憩時間を利用して、かたわらの崖をのぼり、台地の一端に出てみたところ、蒼穹(そうきゅう)(8)のもとに無人の大平原が眠り、ただわずかに黄羊(ホワンヤン)(野生のカモシカ)の乏しい草をはむのが、見えるばかりでないか。なんとすばらしい自然であることよ。

そのころの私は、渓流でカゲロウを調べるかたわら、森林にも興味をもち、山をとおして研究対象を拡大しようとしていたが、戦時下ではなにごとも窮屈になってゆく一方で、研究のさきの見とおしは暗かった。そんなとき、たまたま蒙古を見いだし、これに魅了されたのである。私は思い切って、私の研究の場を、山からステッペ(9)に移すこととした。

翌年はピッケルをすてて、もう一度蒙古をたずねた。こんどは馬車を雇い、自分のプランで歩いてみた結果、いよいよ蒙古というところが好きになった。その後の私は、蒙古研究を進めようとして、当然、大東亜省の外郭団体であった蒙古善隣協会にはいり、新設された西北研究所の所長となって、張家口（ちょうかこう）に根拠地をおき、さらに蒙古の奥深く、出かけることとなるのである。

ポナペ島・大興安嶺

私は蒙古に出かけて、ようやく山の呪縛から解きはなたれたといったが、蒙古にだって山らしいものが、全然ないわけではなく、習い性となった私のことだから、そのいくつかには登ってもみた。だが、私たちはもはや、そんな山に登るために、わざわざ蒙古まで出かけてゆくものでは、なかったのである。

では、調査のために行くのか。調査ということばほどつまらぬ、魅力も迫力もないものはない。それにかわるものとして、そのころから、私たちの間に、ようやく探検ということばが使われだした。『探検』という雑誌が出るようになり、京大の中では、いままでヒマラヤ計画の母体であった学士山岳会の影がうすくなって、そのかわりに探検地理学会という会があらたに登場してきた。

登山から探検への切りかえは、私の研究対象にも、影響を及ぼさずにはおかなかった。探検の対象となるような土地なら、そこにはまた当然、人類学の対象にしてよいような人間が住んでいることであろう。植物や動物だけを問題にして、この人間をほっておいてよいだろうか。とくに総合的な学術探検隊の隊長ともあろうものは、隊員として参加したそれぞれの専門家の立場と仕事を理解し、できることなら、すすんで研究上の指示を与え、一人一人に対する運用の妙をえたうえで、探検隊の成果そのものを、できるだけ相関的、有機的なものにすることが望ましい。

私は、カゲロウを研究していたかもしれないが、じつは学生時代から、生態学に対し、なみなみならぬ関心を持ちつづけてきたのである。そして、生態学こそは、こうした土地において、植物・動物・人間を、その生活を通じ、統一的に把握しうる学問でなければならないと、かねがね考えていたのである。

この考えを、最初に検証する機会となったのは、私たちが、京都探検地理学会から、ミクロネシアのポナペ島へ派遣されたときだった。隊員は学生が大部分だったけれども、私はそこではじめて人間をとりあげ、私も隊員もともどもに、いわゆる住みこみ調査を実施した。そして、日米開戦をまえにした最後の船で引きあげてきた。

その翌年には、南から北へ転じて、満洲の北部大興安嶺（だいこうあんれい）へ行った。そして、これこそは初めから、堂々と探検の旗じるしをかかげて行なった探検だった。ではどうして、蒙古やポナペ島は、探検と公称していけないのだろうか。だいたい日本では、探検ということばが虐待されすぎている。その最大の理由は、日本官僚主義の字引の中に、探検ということばが抜けているからだ。したがって探検は、いつまでたっても、ただの冒険と混同、あるいは同一視されて、浮かぶ瀬がないのである。

私が、私たちの北部大興安嶺行を探検と称してはばからないのは、すくなくともその踏査地域の一部分に、地図の空白地帯があったからである。そして、この場合はもちろん、探検ということばの、もっとも厳格な定義を適用していることを忘れないでほしい。しかし、じっさいは、拡大解釈をしても、蒙古やポナペ島や樺太では、せいぜいのところ、学術探検をとなえうるまでであって、それらはいずれも、すでにポスト・エクスプロレーション（探検以后）の段階にあることにおいてはかわりがない。

大興安嶺は、しかしながら、樺太と類型をほぼ同じうした北方針葉樹林帯に属していた。私はつぎには、これと類型を異にした乾燥地帯の、蒙古につづいた中央アジアのどこかにおいて、さらに探検を試みてみたいと思った。私がそののち根拠地にした張家口というところは、この点で、新疆（しんきょう）・青海（せいかい）・チベットに通じ、私の夢の実現には、まことにあつらえ向きにできていたのである。

ヒマラヤへ

日本は一敗地にまみれ、私の探検の夢もまたむなしくなったが、私はさいわい命あって、故郷へ帰えってきた。そして、これからさきは、もっと人類学の勉強をしようと、心にきめていたのだが、そこに野馬がすむという記事を見て、私は蒙古を思いかえし、蒙古でやるはずだった馬群の研究をはじめるため、宮崎県の都井岬（といみさき）に行く。

私がこれまでにやってきた生物社会の研究は、もっぱら異種の社会の関係を取り扱ったものであった。しかし、ここで私は、野外作業において、個体識別と長期観察という、理論的にははなはだ簡単な方法を用いることにより、同じ一つの種の社会内にどのような機構が存在するかを探り出そうとした。つまり、群れとはなんであるか、という問題に取り組んでいったのである。

このウマの研究は、残念ながら四年ほどしかつづけることができなかった。しかし、この方法論はサルの研究にうけつがれて、いまでは立派な業績をあげるところまできている。

私のウマの研究を中断させたものは、ほかならぬ私たちのヒマラヤ計画の再燃であった。戦後になって、いままで禁断の国であったネパールが門戸を開放し、フランス隊がいち早くアンナプルナの登頂に成功して間もなくだった。ネパールならば未踏のピークがふんだんにある。科学的にも未知の領域だった。この計画の母体となるべく、あらたに発足した生物誌研究会では、だからこのヒマラヤ計画の主目的を、登山におくか、それとも学術探検におくかについて、容易に決しかねるありさまであった。

けっきょく、先方の意向も打診したうえで、この計画は登山が主目的ときまり、母体もそれにふさわしい日本山岳会に移ったが、私は選ばれて、目的の山マナスルの偵察隊長となり、思いたってから二十有余年にして、ついにヒマラヤをたずね、あとで偵察隊の任務を逸脱した行為だといって非難されたけれども、ちょっと道草をくって、六二〇〇メートルの西チュルーという山に登り、これで初登頂の夢も果たすことができた。

それにしても、ネパール・ヒマラヤは、予想外に人くさいところだった。たとえば、五〇〇〇メートル近くなっても、草が生えているかぎり、そこは夏の牧場として利用されているのである。登山ならいざ知らず、こう人くさくては、ネパールも探検の対象になりかねるのではないか。

私はもっと荒涼とした、氷河と砂漠のかみあっているようなところへ行ってみたい。それから、ヒマラヤだからといって、いつまでも登山と探検とを、あいまいな形で結びつけておかねばならぬ理由はないはずだから、つぎには一つ、純粋に、探検の立場から目的を選んでみたいと思った。そうなると、ヒマラヤは広くても、やはり一ばん西北にあって、中央アジアと接続したカラコラムでなければならないということになり、そのカラコラムもかなり周辺的なデプサン高原あたりに、一応のねらいをつけていたのである。

しかし、いよいよ京都大学のカラコラム・ヒンズークシ学術探検隊ができあがって、そのカラコラム支隊が、じっさいに足跡を残したのは、ヒスパー・ビアホ・バルトロという、いわばカラコラムの一級国道にすぎなかった。この年以後につづいた探検隊や登山隊の活躍、またこの調査隊自身の全七巻にわたる学術報告をかえりみるとき、私は日本におけるカラコラムの開拓者として、この足跡に満足しておくべきかもしれない。

アフリカの魅力

サルはもともと森林の動物で、群れをつくっていることが多いが、樹上地上を同じようにわたりあるき、そのうえすこぶる敏捷ときているから、野外における観察は、なかなか容易ではない。そこでこれに餌さを与え、餌さづけするという方法が採用されたのであるが、餌さづけされ、餌さ場に出るようになったサルは、一方では観光資源として、地元のふところをふくらませることができる。そこで餌さ代を地元に持たせながら、私たちのほうは悠々として長期観察をおこなう、という段どりになるのである。

ところで、私のような気ままものにはおおぜいの観光客の中にまじって、餌さづけされたサルを観察し、記録するということが、どうしてもいやで、できないのである。そこでニホンザルの研究はほかの人たちに譲って、私はアフリカへ行き、その自然の中に、いずれは餌さづけされるにしても、いまはまだ餌さづけされていない、自然のままなゴリラやチンパンジーを捜し求めようとする。

アフリカへ行けば、ほかにもサルの種類は多いのに、わざわざゴリラかチンパンジーという限定をつけたのは、かれらが類人猿であるからであり、私はかれらを研究することによって、私たちの調べてきたニホンザルと、人間とのあいだの橋渡しをし、この三者の社会の比較研究から、できれば人間社会の起原を解明する糸口を見つけだしたい、と思っていたのである。

ひとは私の惚れっぽさをあざ笑うかもしれないが、私は一度ですっかりアフリカが好きになってしまった。アフリカも、いまではすでに、地理的な、すなわち第一義的な探検の対象となるようなところは、ほとんどどこにも残っていないであろう。しかし、アフリカはアジアとちがい、まだいたって人口の少ない茫洋とした大陸である。そして、車の走る主要道路から一歩はずれたら、たいていのところはまだスタンレー[10]の時代とそう顕著には変わっていないように見える。自然ばかりでなくて人間も、アフリカ人というのは色が黒いだけでなくて、どこか本質的にアジア人やヨーロッパ人とちがったところがある。これは人類学の対象としていけるのでないかという印象を受けた。

私はせっかく腰をおちつけて、仕事しようと思っていた蒙古から追い出されて以来、どこかにこれに代わる仕事の場がないものかと、じつは前から捜していたのである。だから、それならアフリカは、まったくあつらえ向きだと心にきめるところがあった。

類人猿のほうも、はじめから短日月（たんじつげつ）にはかたづかない仕事だとわかっていたし、私はまた、ここまでくれば、現地に根をはやした社会人類学的な仕事も始めなければならないと思った。

すると、そのためには、どうしても長期滞在の隊員の健康を保障しうるような前線基地が必要であり、私は南極観測隊からヒントを得て、類人猿班の基地には、金属製の組み立て家屋を建ててみた。

アフリカのスタンレー的な探検的環境のもとにあって、困苦欠乏に耐えるのでなく、スタンレーも知らなかったような現代文明の成果を、そこでどこまで活用しうるかが、今日の探検の当面する課題でなくてはならないし、またそれをとおして今日の探検は、いわゆる後進地域の開発とも、結びつくものでなければならない。

アフリカに基地を設けだしてからも、はや四年の歳月が流れようとしている。その間に隊員諸君の努力により、研究が進んだことは事実である。しかしほんとうは、まだまだこれからというところ。私もアフリカなら、また出かける用意がある。

〝未知〟を〝既知〟へ

私がいままでにやってきたことは、どれ一つとして、私だけの力では成しとげられないことばかりだった。どこにも名前をあげなかったけれども、私のわがままな願いを聞きいれて、協力を惜しまれなかった先生方をはじめ、登山や探検の苦労をわかちあった仲間たち、そのほか陰に陽に私を助けてくださった方々に対する感謝を私は忘れるものではない。

しかし、いまとなって私は、これだけの良師・良友・良知己にめぐまれていながら、私のやってきたことのお粗末さに、忸怩（じくじ）たらざるをえない。私はもっとりっぱなことをやるべきであった。だがそれも、いいわけがましいことではあるが、私のおかれた歴史的、社会的な環境の制約がわざわいしたことであったろう。

日本は鎖国していたために、大発見時代の、あるいはそれにつづいた史上に二度とない地理的探検の好機を、惜しくものがしてしまった。私たちにはイギリス人のように、先輩から引き継ぐべき赫々（かっかく）たる探検の伝統がなかった。私などもそれで、中年を過ぎてはじめて、探検とはなにかということをわきまえるようになるのであるが、そのときはすでにおそしで、もはやわれわれの手の届く範囲には、探検の名に値するようなところが、ほとんどどこにも残っていなかったのである。

それでも私たちは、開国後の日本の最後のあがきであったエクスパンションの時代に際会し、探検の名に値するしないにかかわらず、盛んに探検計画をたてたものだった。いまおぼえているだけでも、ボルネオあり、ニューギニアあり、そのほかビルマ、イランなどなど。

けれども幸いなことに、日本における探検熱は、ここ一〇年くらいのあいだに、急速に高まり、若いゼネレーションの活躍によって、私たちが戦後に持ち越した探検計画のほとんどすべてが、いまではすでにかたづいてしまった。それればかりか、日本の探検隊の行動範囲は、私たちの当時の限界をとっくに乗り越え、国策などというものとは、なんら関係なく、いまや世界のすみずみまで波及するにいたっている。

おそらくこの人たちの大部分は、自分の行為が、探検の名に値するかどうかと反問してみたこともないであろう。先人の記録があるからやめておこうというのでなくて、あれば喜んで案内書がわりに、これを利用することであろう。かれらは探検を冒瀆するものであろうか。私はかならずしもそうとは思わない。私だってはじめのころは、初登頂などということにはおかまいなしに、京都近傍のヤブ山を登りあさっていたではないか。それに比べたら、はじめから国外へ探検に出てゆくいまの若人たちは、驚くべく進歩していることにならないだろうか。

初登頂だけが登山でないごとく、初踏破だけが探検ではないのである。初登頂や初踏破の場が、この地上から消え去っても、そのために人間が、登山や探検の魅力を感じなくなってしまうものでないことは、今日の傾向からみて疑う余地がない。ただし、私にいわせると、この傾向は、登山ないしは探検の世俗化ということにほかならない。

そういう私は、登山もやり探検もやって、そのどちらにも徹底しなかった。しかし、私は一貫して、私にとって未知な地域を、つねに行動をとおして既知な地域にかえるよう努力してきた。そこに登山とか探検とかいう以前の、なにか深い原動力がある。私のころとはまるでちがう現在の社会的環境に、私のようなものの生成を期待するとしたら、それは無理であろう。歴史はここでも、どうやら一回きりのものであるようにみえる。

(一九六五年　六三歳)

鰹節

鰹節（かつおぶし）と書いても、なんのことだか知らない世代が、もうボチボチ生まれつつあるのでなかろうか。どこの歌ですかなんて、聞かないようにしてくださいよ。

山へ行くときは、ルックサックの中へかならず鰹節を一本忍ばせておけ、と私に教えてくれたのは、だれだったろうか。あるいは、中学時代に私たちが、登山技術書の第一号として採用した紫陽道人の『山岳旅行秘訣』の中に、書いてあったのかもしれない。いま手もとにこの本がないので審（つまび）らかにすることができないけれども、そうでないような気もするのである。

というのは、当時の古老たちはまだみな伝統的な慣習というものを身につけていたので、山へ行くときには、雨の用意にカッパを持ってゆけ、寒さにそなえて真綿を持ってゆけ、というのと同じように、飢えにそなえるためには鰹節や氷砂糖を持ってゆくのがよいということを、だれでもが知っていたのではないか、と思われるからである。

それでいわれるとおり、私は鰹節をルックサックに忍ばし、腹がへったらそれを噛(か)じることにしていたが、ひとかけら口にほおばっても、こいつはなかなか噛みごたえがあって、容易になくならない。そのうえこいつは蛋白質のエッセンスみたいなもので、カロリーもうんとあるのだろう。しがんでいるうちに空腹は消え、身体が温まってきて、へたばりかけていたときでも元気を取りもどすという、まことに効能あらたかな非常用食糧であった。いまでは立派なハイウェイのできた九州は阿蘇と九重(ここのえ)のあいだの波野ヶ原を、道にまよいながら一日歩いて、とうとう日が暮れ、宿泊予定地の寒ノ地獄までまだ遠いと聞かされたとき、取っておきの鰹節をしゃぶって、急場をしのいだという思い出もある。

そのころはやった針ノ木越え立山・剣というコースをえらんで大町を出発したが、連日雨に降られ、滞在また滞在、とうとう予定をかえて、五色ヶ原から立山温泉へ逃げたことがあった。温泉では夫婦ものの湯治客と相宿になった。ルックサックを引っくりかえしていたら、中からまだ手つかずの鰹節が転がり出たのを見つけられ、ぜひ譲ってくれと頼まれた。もうあとは帰えるだけだから非常食はいらぬ。いくらで売ったかは覚えていないけれど、思わぬことで現金をせしめ、ほくそえんだ。これも鰹節にまつわる思い出の一つになっている。

このわが国に古くから伝承された貴重な非常食糧をあっさり見棄てて、やがて鷲印ミルクチョコレートなどというものをかわりに携行するようになるのだが、その理由はどうやら、近代的登山に移行しようとする若者にとって、かれがあらたに身につけるようになったネールドブーツやマドロスパイプと、この新品でさえなにか古色蒼然としたところのある鰹節とが、どうにもマッチしないということでなかっただろうか。しかし、私はその後、海外遠征を試みるようになって、ふたたび鰹節を取り上げるようになる。

長期にわたる海外遠征のあいだには、たいした病気にはかからないにしても、風邪をひいて熱をだしたり、腹くだしをやったりすることぐらいはあるだろう。もちろんひととおりの薬をそろえ、また隊つきドクターのいる場合も多いのであるが、そういう身体をこわしたときの非常食というものが、あらかじめ用意されていなければならない。山の場合の非常食とはやや趣きを異にするが、これもまた一種の非常用食糧なのであって、私はそのために、米・醬油・梅干とともに、鰹節を携行するようになったのである。

この種の非常食は、個人個人の口にあうものでなければならないから、隊として一括購入というわけにはゆかない。要は、子供のころに風邪をひいたり、腹くだしをやったりしてへたったとき、お母さんがつくってくださったもの、ということになるのである。それなら食欲のないときでも、のどを通るようになっているのである。

私の場合だったら、さしづめ、お米でおかゆさん（なぜ、おかゆがさんづけされるのかは、よく知らない）をたき、梅干に削った鰹節をふりかけ、それに醬油をかけたものをおかずにすれば、熱のあるときでもけっこうのどを通るのである。のどを通すということはたいせつなことで、これによって体力の消耗をふせぎ、ひいては隊の戦闘力を低下せしめぬための配慮ということにもなるからである。それで私はアフリカへ行くときだって、やはり鰹節をもってゆく。米や醬油は他の用途もあるので、炊事のほうでまとめて運搬するが、鰹節は私の個人用だから、削り箱といっしょにたいせつに私のルックサックの中へ入れて、運ぶのである。

ところがあるとき、その日の宿営地について気がついたことに、自動車の屋根にしばりつけてあったはずの私のルックサックが見あたらないのである。縄がゆるんで、疾走中に落っこちたのにちがいない。もういまから拾いにゆくのも、たいへんだし、またもういまごろはマサイ族の戦士に拾われてしまっていることだろう。べつに鰹節ぐらい惜しくはないのだが、私はそのとき急に国へかえりたくなってしまった。たのみにしていた非常食糧の最たるものをなくしてしまったので、前途が、不安に思えてきたからであろう。

それにしてもルックサックを拾ったマサイ族の戦士のことを思うと、おかしくてならない。ルックサックの中には、まだいろいろな他のものもはいっていたが、やがてマサイは鰹節を発見し、これを手にとってみるだろう。かつて私の家にいた山出しの女中は、鰹節が海産物であるということだけしか教わっていなかったので、それは石ころにまじって海底に転がっているのだろうと思っていたという。

マサイの戦士には、もちろん海産物であるという知識すらない。水牛の角のようでもあるが、中身がつまっているから、そうでもない。石でもないし、木でもない。なにかさっぱり見当がつかないから、これはきっとムズング（外国人）のつかう呪術用の物品にちがいない。さわらぬ神に祟りなしだから、そっとしておけというわけで、一本の鰹節だけを広いサバンナにのこし、あとの品はルックサックにもどして、持ち去ったことでもあったであろう。

（一九六七年 六五歳）

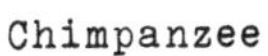

Chimpanzee

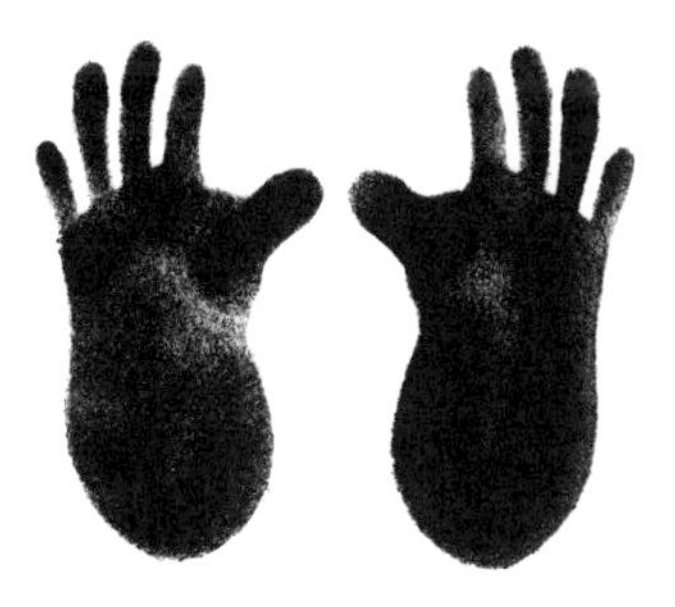

Gorilla

進化史からみたオスの明暗

一、オスとメスとが存在する

生物の種（species）には、なぜ一般に、オスとメスとが存在するのだろうか。いろいろと理屈はつけられそうだが、ここではオス・メスの存在することを、すでに成立した事実とみて、陰あれば陽のあるごとく、二者の共存することにより、生物はその種の維持を全うしてきたし、今後も当分はその方策にしたがってゆくであろう、というところから話をはじめることとしたい。

私は生物の種といったが、種は一応その個体を、ベーシックな構成単位にしている。だから、種にオスとメスとが存在するということを、われわれはただちに、種の個体に、オスの個体とメスの個体とが存在する、というように受けとりやすい。われわれの周囲をみると、そうなっている生物の種が多いから、かならずしも間違っているとはいえないであろう。しかし、植物をみると、そうとばかりはいえないことがわかる。イチョウはたしかに木（個体）によって、オスの木と、実の成るメスの木とがあるけれども、多くの木や草は——マツでもサクラでも、スミレでもイネでも——一本の枝に雄花と雌花がついていたり、一つの花に雄しべと雌しべがついたりしている。動物にも雌雄同体（hermaphrodite）というのがあって、ミミズやカタツムリの個体にはオス・メスの区別がない。オスであると同時にメスでもあるのだ。

生物にはこのように、個体ごとにオスかメスかの区別がはっきりしているものと、オスでありメスでもあるというようなものとがあって、どちらも立派に種の維持を全うしてきたのだから、ダーウィン流の適者生存説——それは効用説であり、また適応説でもある——に立つかぎり、どちらがよりすぐれているとも、いいえないであろう。けれども、進化の時間の経過とともに、植物では次第に雌雄同体のものが多くなり、動物では次第に雌雄異体のものが多くなっていったというのが、進化の大勢である。

二、生殖と単独生活能力

個体によりオスとメスとの区別がある場合でも、同じ種に属する個体として、原則的にいうと、オスとメスとは同形でなければならない。同形ということは、機能的にみても同じであり、同じ生活の仕方をしているということであるけれども、ただ一つだけちがうところがある。それは、メスだけが卵をはらみ、これを産むということである。胎生ならば、直接子どもを産むということである。オスはそのまえに放精して、卵を受精さす。これを、あまりよい表現ではないが、かりに種つけという言葉であらわすことにするならば、外見上は同形であっても、種つけする個体がオスであり、卵か子どもを産む個体がメスである、と定義してもよい。これには例外がないからである。また、子どもを産むなどと、かなり動物的な言葉を用いたけれども、植物にもオス・メスがある以上、このことは動植物を問わず、生物一般に通ずる生殖の原理でなければならないが、この辺からぼちぼち植物をはなれて、あとはもっぱら、動物に焦点をしぼってゆくこととしよう。

卵や子どもを産むことは、いわばメスの専業であるけれども、一般的にいうと、メスはこの卵や子どもを、産みっぱなしにしておいてもよいのである。卵からかえった子ども、あるいはじかに産みおとされた子どもであっても、子どもは親の世話になんかならずに、産まれたときからひとりで生きてゆく途を、知っているからである。これを、単独生活能力を身につけているという。

またこういうことであると、彼らはなにも仲間と一しょにくらさなくても、この単独生活能力を発揮して、てんでばらばらに、気ままにくらせばよいことになる。つまり、だれの世話にもならねば、またたれの世話をもやく必要がないのである。子どものときからすでにそうなんだから、大人になってもその方針を変えるには及ばない。個体にはオスとメスとのちがいがあっても、生理上の必要を感ずるようになるまでは、オスもメスもてんでばらばらの生活をして、相手をかえりみなくても、なんの支障もおこらない。

三、オスとメスの形態上の違い

つぎの問題は、このようにオスもメスも、てんでんばらばらの生活をしているにもかかわらず、オスとメスとのあいだに、形態上のちがいのあるものが、生じたということである。昆虫のなかには、ショウリョウバッタやカマキリのように、オスがメスよりはるかに小さなものがある。オスは種つけだけすればよいが、メスの方は卵をたくさんつくらねばならないからだ、と説明してみても、そんならなぜほかの種のメスは、大きくないのかという反問がでたら、答えられないであろう。そのうえ昆虫には、クワガタムシのように、オスの方がメスよりも、はるかに大きいものもある。

第二次性徴（secondary sexual character）といわれる、こうしたオス・メス間の形態のちがいは、いったいどこから生じたのであろうか、コトリやチョウチョウには、メスよりもオスの方が、美しい羽毛をもったり、美しい色彩のある翅をもったりしているものが少なくない。他種とまちがえぬための標識として、なにほどかは役立っているのかもしれないが、この場合も、それならオス・メス同形のものは、どうしているのかと問われたら、答えようがない。

ダーウィンは、メスが配偶者として、より美しいオスを選択するから、次第により美しいオスの子孫がのこるようになったのだと説明したけれども、このいわゆる雌雄淘汰説は実証されないまま、いまではほとんど顧みられなくなった。クワガタムシのオスの、われわれが角といっている巨大化した大顎は、ダーウィン流に説明すれば、メスの奪いあいにさいして、より大顎の発達したオスが勝って、メスを獲得するから、次第に大顎が大きくなったのだ、ということになるけれども、私の経験に徴すれば、クワガタムシのオスが、メスを取りあっているところなど、いまだ一度も見たことがない。

シカのオスにも、頭に立派な角がある。しかし、これもメスとはあまり関係がないらしい。シカのオスをみると、角をもふくめたその体格は、じつにうまく均整がとれていて、私はいつも、これこそ自然の生みだしたすぐれた芸術品の一つである、と感嘆する。オスにくらべるとメスの方は、どことなく不細工で、どうにもほめようがないのである。

シカともなれば哺乳類で、妊娠・出産・育児と、メスにはだいぶ負担がかかってくる。オスは種つけだけすれば、あとは用事がないのだから、その過剰エネルギーのはけ口に、ときにはオス同士で、角突きあわせて力くらべをやる。シカにとっては一種のスポーツであるが、このような鍛練の蓄積もあって、立派な身体になったのかもしれない。いささかラマルク[1]的においいのする解釈であるが、われわれ人間の場合でも、古来学問・芸術・発明などにおけるすぐれた仕事は、育児や家事から解放された男性の、過剰エネルギーによるものである、といえないこともない。

四、群れのなかのオスとメス

群れというのは、単独生活能力をそなえたものの、より集まってつくる、動物の社会生活の一つの単位である。シカは平素は、オスの群れとメスの群れにわかれて生活している。シカの子どもは、母親のお乳を飲まねばならないから、まだ一人前の単独生活能力をそなえているとはいいがたいけれども、生まれて半日もたてば、もう十分に母親のうしろについて、母親と同じように走ることができる。それゆえ母親は、子づれになっても子どものために、自分のもっている単独生活能力を、そこなわれるような心配がない。したがってシカの群れは、落伍者を出したり解体したりすることなしに、年中その群れ生活を、持続させてゆくことができる。

ところでもし、生まれた子どもの眼がまだ見えなかったり、足が弱くて親と一しょに行動できなかったりした場合には、どういうことがおこるであろうか。そういう場合には、やむをえないから、子づれになったメスは一時群れから脱落して、このひ弱い子どもを適当な隠れ家にかくまい、そこで子どもを育てる。サカナなどには、子どもをオスが育てる例も、ないことはないけれども、哺乳類はメスしかお乳がでないから、この育児は当然子どもを生んだメスの役目となる。

この場合、オスは知らぬ顔をしていてよいものだろうか。オス・メスの協力によって子どもを育てている例を、われわれはコトリに見いだすことができる。コトリのオス・メスは協力して巣をつくり、卵をあたため、雛(ひな)がかえってからのちは協力して彼らに餌さをはこぶ。しかしオスもメスも単独生活能力をそなえているから、お互いのあいだでは食物のやりとりがない。私はこの場合のコトリのオスは、メス一羽では育児の手が廻りかねるので、オスがメス化することにより、二羽のメスで雛を育てているようなものだ、と考えている。

オオカミのオス・メスは、その配偶関係が永続するようにいわれている。オオカミのメスが子どもを生んで、洞穴かどこかに巣ごもったとき、この関係を証拠立てるかのように、オスがときどき、どこかで捕えた獲物をくわえて、メスの隠れ家を訪れ、その獲物をメスと子どもに与えるというのであるが、こうなるとオオカミのメスは、一時的ではあれ、だれの世話にもならないという単独生活能力者の生活の原則を破って、オスにたいし食物の世話になったといわねばならない。同時にオスもまた、だれの世話もやかないという単独生活能力者の原則を、破っていることになるのである。

五、サルの群れ

サルもまた、持続的な群れをつくって生活する動物の一つである。では、どうしてサルに、持続的な群れのつくれる可能性があるのか。サルの子どもはシカの子どものように、生まれて間もなく、親と一しょに走れるような脚力をもっていない。しかし、サルの子どもには、母親の足手まといとなって、彼女を余儀なく群れから脱落さすようなことを、させなくてもすむだけの工夫があった。それはほかでもない、サルの子どもには生まれながらにして並々ならぬ握力がそなわっていた、ということである。手の握力だけではなくて、足の握力も手のそれに劣らず、よく発達していた。

この握力を利用することによって、いざというときには、赤ん坊ザルでも母親の胸に、しっかりとしがみつくことができたから、母親は赤ん坊をつれていても、群れの中にあって、群れと一しょの行動をとることに、なんの不自由も感じなくてすんだのである。子どもがもうすこし大きくなれば、母親のお尻に乗って、運ばれていることもあるのは、みなさんが動物園で、すでに御覧になっていることであろう。

人間はなんといっても、サルの一族から派生したことに、間違いないのだから、サルの群れについては、もすこしくわしく述べておきたい。サルの群れは、原則として、シカの群れのように、オスの群れとメスの群れとにわかれないで、その群れの中には、オスもメスも含まれている。サルの種類によって、群れの中に含まれたオス・メスの比率は、まちまちであるけれども、種類が同じなら、だいたいそのパターンは一定している。さきほど述べたように、メスは群れのなかに居ながら、子どもを育てているのだが、お乳をのます以外には、子どもに食べ物を与えない。もちろん、危険のせまったときに子どもを守るというようなことはある。しかし、授乳という多分に生理的な現象をのぞき、食物に関してはまだ、単独生活能力者の生活の原則を、守っているということができる。これが破られるのは、サルの中でももっとも人間に近い、類人猿のチンパンジーにおいて、はじめてみられるようになるのである。

サルもシカのように、オスの方がメスより大きな、一見してたくましい身体をした種類が少なくない。同じ群れの中では、リーダーとなっているオスが、他のオスにくらべて一段と大きな身体をしている。群れのリーダーは、一群中の最高の責任者である。彼の立場は、もはや種つけだけすれば、あとは遊んでいてもよいといったような呑気なものではなくて、たえず群れ内の秩序の維持に気を配る一方、群れの周辺に近づいてくる外敵——それは野犬であることもあるだろうし、またうさん臭いヒトリザルであることもあろう——を警戒し、場合によってはこの敵と、一戦を交えることさえ、あえて辞さないのである。そればかりでなく、この勇猛果敢なリーダーが、ときにはまたみなし児を引きとって、母親代りの子守りをつとめることもあるのである。

こうしたことはすべて、育児から解放されたオスの過剰エネルギーが、そのはけ口を群れの存続ということに見いだした、とも考えられるので、私はこうした行動を指して、とくに群れ本位の行動と呼び、これを個体本位の行動に対置することとしたのである。

サルと関連して、最後にもう一つ、書き加えておきたい重要なことがある。ニホンザルがウサギを捕える、という噂を聞いて久しいけれども、残念ながらまだ確認されるには至っていない。ところが、アフリカでは、サバンナにすむバブーンが、カモシカの子どもを捕えて食ったとか、チンパンジーがアカオザルを捕えて食ったとかいう観察が、次第にふえつつある。そして、ここで注意したいのはこういうどちらかといえばサルとして型破りの行動をした個体が、いずれもオスであったということである。すなわち、この狩猟の先駆的現象と見なしうるような行動も、またオスの過剰エネルギーがもたらしたものであり、おそらくこのことから、人間においてもまた狩猟は男性と結びついて発達したにちがいない、といっても間違うことはないであろう。

六、サルから人間になるまでの経過

この辺で一度話題を変えて、一種のサルであったものが、どのような経過をたどって、人間になったかということを、以上にのべたことがらを踏まえながら、ごく簡単に述べてみよう。

人間とサルとのちがいは、まず、人間の赤ん坊にはサルの赤ん坊のように、手足の握力が発達していないというところからはじまる。どのようなことで、こんな赤ん坊が生まれるようになったのかは、まだよくわからないが、とにかくこんなデクの棒のような、未成熟児を生んだ母親は、まったく途方に暮れたことであるだろう。もちろん、こんな子どもをかかえていては、いままでのように、群れと一しょになって行動するわけにはいかない。あとに残された道は、群れから脱落し、はやく隠れ家を求めて、そこでこの子どもをもすこし成熟するまで、育てる以外にはないはずである。

問題はこのとき、この子づれになって、群れから脱落したメスを、群れが見すてたであろうか、というところにある。すでに述べたとおり、群れのリーダーは、みなし児を引きとって、群れ本位の立場から、その子守りをしたのである。またオオカミでなくても、チンパンジーのオスは、食物をメスにわかち与えたところが、観察されているのである。このときすでにある程度まで、オスたちのあいだで狩猟が行なわれだしていたとしたら、そして獲物の分配が、オスたちのあいだだけでなくて、メスたちにも及んでいたとしたら、群れのなかのあるオスが、この子づれのメスの隠れ家にまで、彼女の分け前を運んでやるということが、おこりえなかったであろうか。そうすることが、群れ本位の行動としておこりえなかったであろうか。

けれども、そこでオスから食物をうけとることは、メスにとっては、単独生活能力者の生活の原則を破ることにほかならない。また、このとき受けとった動物の肉のおかえしに、メスが自分でとっておいた果物を、オスに与え、オスがそれを食ったとしたら、ここでもまた単独生活能力者の生活の原則が、破られたことになる。しかし、そのかわりに、この食物のやりとりをとおして、オスとメスとの間には、生活の一体化が成りたってゆく。言葉をかえるならば、それは食物をとおした生活の相互扶助であり、相互保障である。

ただし、性生活の方は、また別である。私はいままで性生活については、なにも触れないできたが、群れ生活者というものは、これまた原則としては、性生活はフリーセックスである。私の考えは、オス・メスが相互扶助によって、その生活を一体化したといっても、それはまず食生活の一体化なのであって、それがただちに性生活までの一体化を、意味するものではあるまい。性生活の方は、なおしばらくの間は、従来どおりのフリーセックスであっても、たいした差しつかえはおこらなかったのではなかろうか、というのである。

もしも人間の発端を、直立二足歩行するようになったときときめるとするならば、いまここでのべたようなことは、あるいは直立二足歩行の直前に、すでにおこっていたかもしれない。くわしいことは、ここで述べている余裕がないのだが、直立二足歩行は、メスが隠れ家で育てているデクの坊のような赤ん坊が、たまたま立ちあがったところから、はじまったものと、私は考えている。

七、男性受難史と女性主導の社会

ここからさきは、しめくくりのつもりで、多少感想をまじえながら、書いてゆくことにする。

人間における男性受難史は、群れ本位の行動として、オスが子づれのメスに、食物を与えたところからはじまる。それは、いままで守られてきた単独生活能力者の、生活の原則を破るものであった。ところで、このメスの連れている子どもというのが、急速には成長しない子どもであったため、そのうちにオスは、この子どもの面倒まで、みてやることになった。時が進み、やがて婚姻制度が確立するようになると、オスはいよいよ家族に縛りつけられて、群れ生活の伝統ともいうべきフリーセックスの方は、御法度（ごはっと）になってしまった。

群れ本位という立場が、知らぬうちに国本位という立場へ、すりかえられていった。男性の過剰エネルギーは、外に向かっては戦争のために吸いあげられ、内に向かっては家族の扶養や子どもの教育のために消費される破目となった。それでも今日までよく耐えてきたのだが、いまにして思えば男性は、たいへんな貧乏くじを引いたものである。

それももとをただせば、手のかかる子どもが生まれたことに起因している。だから、男性を救うためには、この根本問題を解決すればよいのだ。もし幸いにして、現在のような豊かな社会がつづくものとしたら、それに伴って社会保障も、おいおい充実されてゆくことであろう。そしていつの日か、いままで家族に押しつけられていた子どもの哺育や教育を、社会が引きうけてくれるようになったとしたら、そのときは男性にたいする解放ばかりでなくて、また女性にたいする解放ででもなければならない。なんとなればこのときこそ、いったん失った彼女の単独生活能力を、女性が完全に取りかえすときであるからである。

そうなってもその社会には、やはり結婚とか家族とかいったことが残るであろうか。それとも単独生活能力者を基礎にして成りたつ群れ社会にもどって、もう一度フリーセックスがものをいうようになるであろうか。その辺のところは、読者のご賢察に待つこととして、私にいわせてもらうならば、ここまでかなり長くつづいてきた男性主導の社会には、それなりのプラスもあり、またマイナスもあったことであろうが、これからは人間同士が、血なまぐさい戦争などやめて、世界平和を実現しようとしているのである。それにはここらで男性が後退し、単独生活能力を回復するとともに育児にたずさわらなくてもよいようになった、女性の過剰エネルギーに期待して、女性主導の社会を打ちたててもらった方が、この目的達成のためには、かえって早道なのではなかろうか、とも思われるのである。

（一九七三年　七一歳）

生物レベルでの思考

地球上に生きているすべての生物と同じように、われわれ人類も地球の寿命を越えて、生きながらえることは考えられない。それまでに、人類はどこかの遊星へ移住するだろうというひともある。何十億という人類の全部が移住するとなれば、たいへんなことであろう。かりにその中のひと握りでも、移住できたとすれば、大成功にちがいないけれども、この話は、ここしばらくのあいだは、まだ、ＳＦ作家にお任せしておいたほうが賢明であろう。

しかし、われわれ人類にかぎらず、地球上のすべての生物は、生きられるかぎりはとにかく生きねばならない。そういう自覚のあるなしにかかわらず、そうしなければならないのが、生物というものなのである。生きてゆくためには生物は、環境を利用しなくてはならない。環境開発ということは、だから、生物にもともと具（そな）わった、生物の属性の一つの現われにほかならない。ただし、環境開発ということには、多かれ少なかれ、破壊がともなう。その破壊がゆきすぎると、こんどはそれが生物にはねかえってきて、逆に生物の生存をおびやかすことにもなりかねない。

うちの庭に五〇センチぐらいのサンショウが植えてある。家内が実生(みしょう)[1]をとってきて、植えたものだ。そのサンショウにアゲハチョウが産卵して、幼虫がサンショウの葉を食う。そのため去年も、サンショウはほとんど丸裸にされたが、枯れずにすんで今年も芽がでた。するとまたアゲハチョウの幼虫に食われる。家内なら、この憎らしい幼虫を捕らえて殺すであろう。しかし私は、サンショウの味方もアゲハチョウの味方もできずに、ただその成りゆきを見守っているだけだ。サンショウはまたすっかり葉を食われて丸裸になった。こんどはどうやら枯れるらしい。枯れたら来年からアゲハチョウの幼虫は、食べるものがなくて困るであろうか。そうではない。たまたまアゲハチョウの注意をひくようなところに移植した、一本のサンショウが枯れたのであって、庭の草むらの中には、まだ同じような実生のサンショウが、さがせば何本もはえているのである。サンショウ全体の立場からいえば、一本ぐらい破壊され、枯れたって、大勢(たいせい)に影響しない、ということかもしれない。

ここでサンショウ全体の立場といったのは、いいかえたならばサンショウという一つの種(スペシース)の立場、ということにほかならない。生物が生きるということは、種を構成している一つ一つの個体の存続を抜きにしては、もちろん考えられないことであるけれども、なにぶんにも個体の寿命は種の寿命にくらべ、比較にならぬほど短いので、タイムスケールをすこし長くとれば、個体の生滅を越えて存続する種の立場が、かならず浮かびあがってくる。人類が生き残れるかどうかという問題も、これは個体を越えた、種としての人類の存続を、問題として取り上げねばならないということを、ここでまずはっきりさしておきたい。

すると、さきほどあげたアゲハチョウの幼虫が、サンショウを一本枯らすかもしれないというような環境利用の仕方、あるいは環境破壊は、環境の側に十分なゆとりさえあれば、眼さきの現象がどうあろうと、それぐらいではアゲハチョウもサンショウも、ともに種としての存続を、おびやかされたことにはなっていないのである。人類といえどもいままで存続できたというのは、こうした自然の仕組みにならい、あまりこれに逆らわなかったからであるにちがいない。たとえばケモノを狩るものも、その生活を支えるに必要な数だけの獲物で、満足していたのではあるまいか。

ところで、いまの人類はかならずしもそうではないのだ。いまはなんでも、とれるだけとり、殺せるだけ殺そうとする。捕鯨がそのよい例である。北半球のクジラは捕鯨のために、ほとんどいなくなってしまった。それでこんどは南半球のクジラがねらわれ、捕獲制限量がきめられているとはいうものの、やがては南半球のクジラも、北半球のクジラと同じ運命をたどるのでなかろうか、と心配である。ではいったい、この眼にあまる大がかりな環境破壊を、だれがやっているのかというと、それは個々のクジラとりというよりも、じつは漁業会社という企業が、利潤追求のためにやっていることなのであって、この場合のクジラとりは、企業に雇われた単なる殺戮の下手人(げしゅにん)であるにすぎない。

クジラが海の中にいなくなっても、べつに人類に影響はない、というひとがあるかもしれない。人類はクジラの肉を食わなければ生きてゆかれない、というのでもないし、油だって、いくらでも代用品ですますことができるのである。クジラをとりつくして困るのは、むしろ漁業会社そのものなのではなかろうか。しかし企業というものは、そんな先きのさきまで考えてはいない。それよりも毎年の決算が問題で、どの企業も利潤が年々増加してゆかねば、その企業は成功していないかのように、思っているのである。したがって企業による環境破壊は、いったんはじまったが最後、年々増加する一方で、止まるところを知らないということになる。

クジラも人類も、そのほかもろもろの生物も、みな生きられるかぎりは生きのびてゆかねばならない。そのためにはまた、環境を利用し、すこしはこれを破壊するようなことがあっても、生物が存続するためには環境もまた存続さしていかねばならないということであると、生物と環境とのあいだ、あるいは利用するものとされるものとのあいだには、その取り引きにつねに一定の限度があり、そこに一種の平衡が保たれていなければならない。そして、すべての生物がこの原則にしたがいつつ進化してきた結果が、現在われわれのみる生物的自然であり、生態学でいうところの生態系であるとするならば、生物が生きのびるということは、いつにかかってこの生態系の維持にあるといわねばならない。つまり生物一般のとっている戦略は、現状維持をとおしての存続であり、それによって永生をかちとろうとしているのであるから、永生を顧みず、現状を変えてまでも目先きの利潤を追求しようとしている企業の立ち場というものは、すこし極端にいうなら、生態系の中に巣くいながらも、しだいに生態系そのものを破壊してゆく、一種のガン細胞のようなものであって、行きつくところは永生どころか、生態系の破壊によって、人類をもふくむすべての生物の破滅につながるものでなければならない。

クジラの虐殺よりももっと身近かな例をひけば、企業は平気で河川を汚染したり、空気を汚染したりして、すでにわれわれの同胞の毒殺まではじめだしている。公害の名で呼ばれている現象の中でも、もっとも悪質なものの一つである。兵器産業というものもまた企業の一つであるかぎり、利潤追求のためには軍備の拡大はもとより、戦争をさえ蔭であやつっていないと、断言できる証拠はないであろう。人類にとっても生態系にとっても、このままでほっておいたら、それこそその死期を早めるだけにすぎない。これを救う道は、もはや大手術によって、患部を剔出(てきしゅつ)する以外にはないのかもしれない。

ここまで書いて、私はあらためて反問するのである——人類人類と心やすく書いてきたけれども、人類ははたしてほかの生物と、いっしょに並べて考えてもよいような、生物の種であるだろうか、と。生物学者なら並べて考えてもよい、というであろうが、おそらく人文科学者や社会科学者の大部分は、あたまからこれに反対であるにちがいない。生物と人類とのあいだには、共通したところもあり、全然ちがったところもあるのだから、これは立場の相違でいたし方がない。しかし、その中からどんな男女の組み合わせをつくっても、原則として繁殖可能であることを考えると、人類はやはり全体で一つの種を形成しているのであって、これにはだれも異議をさしはさむものがないであろう。ただ、ほかの生物の種にくらべると、人類という種はおそろしくでたらめな、支離滅裂な種であるようにみえる。

では、どういうところを指して、でたらめとか、支離滅裂とかいうのであるか。まずだいーにいえることは、どんな生物でも、種という以上はたれの眼にも明らかな、一定の基準をそなえていなければならない。すなわち、その種に属するどの個体をとっても、一定の範囲内で同じような形態をしており、また同じような生活様式をとるものでなければならない。それは、種には統一があるということである。しかるに、人類ということになると、裸にしてくらべた形態のほうは、まだまあ我慢できるとしても、その生活様式にいたっては、所変われば品変わるで、まったく千差万別である。もちろん、どこに住むものにでも見られる、人類共通の生活様式というものもないことはないが、その数は意外に少なく、まず眼にうつるのは、なんといってもちがいのほうである。これを人類においては、ちがった文化をになったものが、ちがった地域に棲みわけしている、といってもよい。

これは人類が、地球上のさまざまな場所へひろがっていったとき、それぞれに異なる環境のもとで、その環境を利用して生きてゆくために編みだした工夫が、環境のちがいに応じてそれぞれにちがっていたということで、細かいところはいざしらず、あらかたの説明がつくのでなかろうか。このようにして生活様式を同じうするものが、同じ環境のもとで、一つの広義の生活共同体を形成してゆくということは、種にとっては分化のはじまりであり、それと並行して、言語などもまた、おのずから分化していったことであったろう。

だから、こうした状態がもし何万年、あるいは何十万年とつづいたとしたら、もとは生活様式からはじまった分化が、やがては形質上の分化に及び、人類はいくつかの亜種ないしは別種にまで、進化したかもしれない。しかし、そこにいたるまでに、この方向とは正反対な、統一がはじまるようになる。

統一を呼びおこした契機についてはは触れないで、結果だけからみることにすると、それは農耕社会が重層化して、直接生産に従事しない支配層と、生産に従事する被支配層とに分化することにより、そこに原始国家が成立したことと結びついているのである。だから、統一といっても、ある地域内にすむものの政治的統一にとどまり、国家内における分業の発達は、生活様式の統一よりも、かえってそのバラエティを豊富にしていったことであったろう。しかしそれ以来、国家は興亡をくりかえしたにもかかわらず、国家という制度は定着し、普及し、その中にはしだいに版図をひろげるものも現われてきて、ついに地球上には、現在の世界地図が示すように、大小とりまぜ百いくつという国家の棲みわけをみるまでにいたったのである。

しかし、これがはたして種というものに似つかわしい統一であるだろうか。生活様式の不統一もさることながら、これらの百いくつという国家は、そのそれぞれが国家至上主義、悪くいえば国家エゴイズムに生きようとしている。国家によってはまたその中に、大小無数の企業が存在していて、そのそれぞれがまた企業至上主義、あるいは企業エゴイズムに生きようとしている。生物の種というものは、統一されていることによって、同種の個体間の争いを少なくしているばかりでなく、進化を通じてそのそれぞれが、生態系の中でみずからの占めるべき地位を保障されていることにより、異種間の争いもまた少なくてすむようになっているのである。生物の種とは、だから、安定している。人類の場合はこれに反して、企業と企業の争い、国家と国家の争いの絶えるときがない。そのためたえずどこかで、戦争による大量の人殺しが行なわれているにもかかわらず、優勝劣敗、適者生存が進化のルールであるとして、いまだにダーウィニズムによる合理化を捨てきれずにいるところに、そもそもまちがいのもとがあるのではないだろうか。

こうした人類という種社会内の不統一と不安定を是正して、これを統一と安定にもどそうと努力してきたのが、宗教であった。たしかに、世界宗教といわれているキリスト教・回教・仏教などのこの点にかんする功績は、高く評価されてもよいと思うけれども、ただその世界宗教というのは、世界じゅうに信者がいるというだけで、どの宗教をとってみても、それによって世界じゅうの人類を統一し、世界じゅうの人類に安定を与えたといえるような宗教はない。イデオロギーとしてのマルキシズムも、労働者だけを受け入れて、そうでないものを排除する。それはあたかも、ダーウィニズムが、適者だけをとりあげ、非適者を抹殺して顧みないようなものであって、両方とも、キリスト教における教徒と異教徒の峻別に、なにか通ずるものがあるかもしれない。

今日の文明は、科学文明とか物質文明とかいわれてきたが、技術革新をとおして、最近では物の生産がいちじるしく豊富になり、一般庶民といえどもある面では、昔の王侯も及ばぬような生活ができるようになった。アフリカのサバンナの中に住んでいるものでも、トランジスター・ラジオでその日の世界の出来事を知ることができるというのは、そのほんの一例にすぎない。

科学はもともと普遍妥当性をたて前とするものであるから、科学はもとより、科学を媒介とした技術も、技術によってつくりだされた製品も、これらはみな世界のすみずみにまで普及して、万人に受け入れられる可能性がある。それならば、この物質文明は嫌悪したり、軽蔑したりすべきものではなくて、むしろいままで、宗教もイデオロギーも達成しえなかった人類の統一を、この物質文明による生活様式の統一ということによって、達成できるのでなかろうか。もしそこにその実現をはばんでいるものがあるとしたら、その最大なものは、おそらく文明国と開発途上国とのあいだの経済的落差であるだろう。

しかし、これは科学の解決すべき問題ではなくて、むしろ政治や経済の解決すべき問題である。科学がこれだけ進歩して、いまや月まで行けるようになっているというのに、国家はそれぞれの敷居を高くして、パスポートやビザがなかったら国境がとおれなかったり、関税があったり為替相場があったりするようでは、人も物も行きたいところへ自由に行けない。科学の進歩に対する政治・経済のいちじるしい立ちおくれである。だからといってわれわれは、国家や政府を否定するアナーキストであってはならない。私は欧州共同体に期待をかけ、いつの日にか世界共同体、すなわち人類共同体が生まれでることを望んでいる。人類を種として統一する道は、それしかない、と思われるからである。

人類は種として支離滅裂だといったけれども、それは、いったん分化の方向をたどった人類が、国家という形式をとおして統一の方向に歩みだし、国家は対立しながらも最後には人類共同体に到達するという、いわば比較的短い期間――個体の寿命で計ればそれでも相当長いのだけれども――のあいだに遂行される、急激な進化のプロセスの途中にみられる不統一であり、不安定であるのかもしれない。現在の政治・経済の動きには、保守的な傾向がなお依然として濃厚ではあるけれども、人類共同体を指向する前向きな動きも、どこかに認められないわけでもない。

人類全体の統一や安定をよそにして、一部のものの独走的、独善的な進歩を最上のことと考え、これを達成目標においたような時代は、やがて過ぎ去ろうとしている。それとともに、企業のことだけ考えて、国家のことも人類のことも考えないような企業や、国家のことだけ考えて、人類のことを考えないような国家の時代も、やがて過ぎ去ることであろう。人類が存続し、永生をかちうるかどうかということは、生物レベルで考えるかぎり、人類が種としての統一を成しとげるばかりでなく、一方では生態系に復帰して、もろもろの生物同様、その保全とそれによるみずからの安定に、はたして満足することができるかどうか、というところにかかっているといわねばならない。

（一九七一年　六九歳）

宗教について

宗教について書くのは、これがはじめてであるかもしれない。宗教心がなかったというわけではないが、いままでに新興宗教もふくめて宗教団体なり、あるいはそうした団体の宗教活動なりにコミットしたことが、ほとんどなかったから、宗教について書くのはいわば土地不案内のものが、その土地について語るようなことになって、あとであいつこんな見当ちがいのことを書きよった、とひとからいわれたくないという引込み思案も、手伝っていたかもしれない。

しかしこんど、大本教関係の人類愛善会に招かれて、「アジアの平和を求めて——宗教・文化の視点から」というシンポジウムに出席し、その席上で多少なりとも私の宗教にかんする見解を述べる機会を与えられたので、そのときの発言をメモとして残しておこうとおもい、あえて筆をとったしだいである。

メモであるから、発言どおりの記述でなく、ランダムな感想まじりの、随筆風のものになることを、あらかじめお断りしておく。さて、シンポジウムのテーマである平和を、人類の一員として、希求しないものはないであろう。しかしそれは、人類だけが望んでいるのだろうか。同じようにこの地上に生をうけた、動物や植物はどうなのであろうか。そこで私は、生物の世界は種（私が種という場合は、種社会を指している）と種のあいだの棲みわけをとおして、一応の構造なり秩序なりができあがっているから、そこには原則として無駄なあらそいは生じない。したがって生物の世界は平和そのもののように見えると、私の得意とする自然観をまず述べておいて、ではどうして人類社会だけは、あらそいが絶えないのであろうかと自問する。

それにたいする答えとして、もう一度生物の世界との対比を試みる。生物の世界の発展は、それを構成する種の分化による。そして種の分化は棲みわけをとおして行なわれるのであるが、これをもう一つ低いレベルでとらえるならば、これは種を構成しているそれぞれの個体のアイデンティティ（帰属性）の問題に帰することができるであろう。人類といえども、この生物の世界を支配する大方針にもとることなく、分化していって当然とおもわれるが、ただ人類の場合には、棲みわけの結果として、身体の分化に先きだって文化の分化が生じた。あるいはこれを、文化の分化が身体の分化を代行したといってもよい。したがって人類は生物学上の分類にしたがうならば、その全体がホモ・サピエンスという一つの種に属し、それ以上の分化をしていないことになるけれども、文化に着眼するならば、言語・生活様式その他さまざまな文化が、この地上を棲みわけ、それとともにこの文化のちがいに応じた各人のアイデンティティのちがいを、みるようになった。

ここに述べたことは重要であるから、言葉をかえてもう一度繰りかえすと、生物は一つの種ごとに一つのアイデンティティを共有した個体のまとまりをもつ。しかるに人類では、同じ文化を共有するところに、アイデンティティを同じうした個体のまとまりをみる。この点を生物と人類とのちがいとみることもできるが、また生物と人類とにみられる類似した自然現象と見なすこともできる。いずれにしても、地球上にさまざまな文化と、それにともなう異なったアイデンティティをもった人類が分布しているとか、それにもかかわらず生物学的には、これらの人類がすべて同一の種に属しているとかいうことを、人類自身が知るようになるのは、人類の歴史からみたらごく新しいことで、それからまだ三、四世紀しかたっていない。

いまは国家の時代であるとよくいわれる。たしかに二百いくつかある国家が、この地球上をきれいに棲みわけている。そしてそのそれぞれの国家が、国民にたいして国家をアイデンティティの対象にすることを、要求しているかのようである。しかし、このいわゆる国民国家もけっして古くからあったものではない。比較的古いものもないとはいわないが、発展途上国の多くは、第二次大戦以後に誕生したものばかりである。それにしてもよくここまで、というのは国民国家の棲みわけというところまで、来たものだ。

ここで生物の世界における棲みわけということについて、もうひと言つけ加えておきたい。棲みわけというと、よく種と種との対立ばかりを取りあげる人があるけれども、それでは棲みわけの一面だけしか見ていないことになるのであって、棲みわけには、あるいは棲みわけた種と種のあいだには、たしかに対立がある。対立をとおしてそれぞれがその主体性を守っているのではあるけれども、それと同時に棲みわけた種と種とは、相補いあっていることを忘れてはならない。対立だけではばらばらになってしまうところを、補いあうことによって、どちらもがより大きな構造の一部として、役立つことができるのである。より大きな構造というのは、種を構成単位として成りたっている生物全体社会のことだ、と考えてもらってもよいし、あるいはこの全体社会のなかの部分社会として、系統的によく似た種が棲みわけをとおして連なった、私のいう同位社会を考えてもらってもよい。またここで補いあい、コムプレメンタリーといったことを、相互連帯というように解してもらってもよい。

すると人類が、過去の長いあいだ、文化のちがいをとおして棲みわけていたときも、近年になって国家のちがいをとおして棲みわけるようになってからのちも、生物社会学的にみれば、これを一種の同位社会と見なせないこともない。そこでいよいよ問題は、ここまできたらいま一歩進めて、この同位社会の構成要素である一つ一つの国家を、打って一丸とし、そこに一体化した世界国家としての人類社会の出現をみるようなときが、将来はたして来るであろうか、ということである。それとも国家は棲みわけをとおしてその主体性――この場合は国家主権といってもよい――を維持しながらも、一方ではいまあるような国連（国際連合）をとおして、その連帯性を深めてゆくのであろうか。もし一体化したならば、そのときはじめて人類も他の生物並みに、一種一社会ということになるのであるが、そのためにはこの社会を一体化するに足る共通地盤としての、なにか新しい共通文化がなくてはならないのではないか。言語も宗教もいまのようにちがったままで、一体化するといっても、それでは無理なのでなかろうか。

いまから十年ほどまえの私は、この人類統一の共通地盤として、自然科学にかなりの期待を寄せていた。なんとなれば、科学は普遍妥当性を標榜し、それゆえ国境を超えて世界中に浸透する可能性があるからである。科学こそは万人の共有財産になりうると、考えたからである。しかし、十年後の現在の私は、科学にそのような大きな期待をよせていない。むしろ科学に失望している、といってもよい。失望の理由はだいたい二つある。一つは、今日の科学が、あるいはその科学によって支えられた技術が、物質をコントロールするうえに示した驚異的な進歩と、それによってわれわれが受けているさまざまな恩恵のまえに、眼をつぶるものではないけれども、その結果として生まれた今日の科学文明は、物質文明といわれるように物質偏重の文明であり、物慾に溺れた文明である。そして、科学による人類の一体化がかりになんらかの形でできたとしても、科学そのものはこの餓鬼道（がきどう）におち入った人類を、救う手だてを持ちあわしていない、ということである。

もう一つは、いささか私的な理由になるけれども、私がつづけてきた進化論の研究と関係がある。進化論というのはもともと生物が素材となっており、生物はまた物質を素材として成立しているものであるにはちがいないけれども、生物そのものはどこまでも生物であって、単なる物質ではない。ということは、生物ともなれば、もはや物理学をモデルとした今日の自然科学では、始末し切れないところがのこるということである。たとえば進化ということは、自然科学の枠内ではどうしてもその全体をとらえることができない。したがって進化論というのは、科学の手続きをふんだうえで導きだされた帰結ではない。生物学が自然科学の中に入れられているため、進化論も科学の産物とおもいこんでいる人がすくなくないけれども、進化論というのはしいて科学という字をつけたいならば、科学思想の一つであるといったらよいであろう。

ところで思想ということになると、これはある時代にある社会がおかれていた情況と、無関係に現われてくるものとは考えられない。そのよい例がダーウィンの進化論である。私もダーウィンの進化論を理解するのに苦労したが、けっきょくダーウィンは十八世紀から十九世紀にかけてのヨーロッパ社会、すなわち資本主義の勃興しつつあった社会に生きていたからこそ、ああいう進化論になってしまったのだ、と考えないわけにはゆかない。そしてその進化論を、ダーウィンを生みかつ育てた社会が歓迎したというのなら、話がわかる。しかしそれを、遠く海をへだてて、歴史も伝統も異なったわが国においてまで、ありがたがらねばならないもののようにしてありがたがったとすれば、ちょっとおかしいではないか。まだ人類の社会は、そこまで一体化してはおらないはずである。よく私をダーウィン進化論の反対者のようにいう人があるけれども、私は反対しているのではない。彼の進化論が私の体質に合わないから、私の体質に合う進化論をつくりだそうとしてみたにすぎないのである。

科学は、人類を一体化する共通地盤としては、理想的なものではない。では、これに代わるなにかよいものがあるだろうか。人類全体に物質的な糧（かて）でなくて、精神的な糧を与えるものとして、いまはまだ出現していないが、世界宗教といったものも、頭の中でなら考えられないこともない。しかしかりに世界宗教というものが現われて、一時、人類の一体化をはかることに成功したとしても、けっして長続きはしないであろう。なぜならばそこに分化ということが、必然的に生ずるだろうからであり、そのことはすでに仏教・キリスト教・回教といった大宗教が、分派をくりかえしてきたという過去の実績からみても、明らかなことであろう。

ついでにもう一つ、宗教にかんする私の見解を、つけ加えておきたい。それはもともと宗教の対象とするところは個人であり、個人を精神的な苦しみから救うことを、目的としていたのでなかったか、ということである。そしてこの点で、宗教は個人を肉体的な苦しみから救うことを目的とした医術と、相通ずるところがあった。もともと個人を対象とし、個人をコントロールすることをたてまえとした宗教に、はたしてどこまで社会をコントロールする力があるのだろうか。先きにもいったように、いまは国家の棲みわけ時代である。平和も人権も、国家の手中に握られている、といえないことはない。核爆弾は個人の所有物でなくて国家の所有物である。軍隊も警察も国家に所属している。イランのホメイニ師のことはよく知らないけれども、この強力な国家というものを、個人を対象とし、個人を味方にもった宗教に、はたしてコントロールするだけの力があるであろうか。宗教にそれだけの力がなければ、ほかのものでもよい。要するに国家がコントロールできないかぎり、人類の一体化も、平和も、人権もお預けである。

ひとびとはもはや宗教のために血を流さないかもしれないが、国家のためだったらいまでも血を流さねばならないのでないか。それはひとびとのアイデンティティの濃さの問題である。世界人類にたいするアイデンティティよりも、国家にたいするアイデンティティのほうが、はるかに濃いという現状認識から、遊離してはいけない。

いったい国家とはなんであるのか。社会科学の一分科に国家学というのがあるらしいけれども、分析を唯一の研究方法と信じている科学にとっては、国家のように図体が大きく、多面性をもちながらしかも全体として機能しているものを、正確にとらえる途が閉ざされているのである。そしてここにも十年まえの私は、まだ科学を過信して、その限界をはっきり見きわめていなかったといえよう。国家ばかりでなくて、国家をもその中に包みこんでいる自然になると、いっそうそのスケールが大きくなり、いっそうその全体把握が困難になる。自然などというものは、たれにも解っているようで、じつはたれにも解っていないのかもしれない。すくなくとも今日の科学の枠外に、超然として存在しているものなのであろう。

それにもかかわらず、解ったような顔をして、やれ自然保護だ、やれ環境破壊だ、やれ生態系の危機だ、と叫びまわっている人のなんと多いことか。これらは公害問題に端を発して、それにつづく連鎖反応として拡がったものとおもうけれども、注意しておきたいのは、先きに述べた進化論と同じように、どれ一つとして、科学の手続きをふんだうえで導きだされた帰結ではない、ということである。だいいち水俣病やイタイイタイ病にしたって、その原因が解明されたようでもあり、まだ解明されていないようでもある。ではこういうことを叫ぶのはどうしてであろうか。私は進化論にたいしては、これを科学思想といってもよいといったけれども、今日の環境保全運動などは、危機感を刺戟されることによっておこった、一種の群集心理現象と見なしてもよいとおもっている。

私の出席したシンポジウムでも、こういう発言があった。東南アジアで森林が濫伐されているが、これは慎まないと取りかえしのつかない環境破壊になるというのである。森林伐採は国が外貨を獲得するためにやっていることなのか、それとも焼畑民が焼畑を拡げるためにやっていることなのか。もし後者であるとしたならば、森林はそのままでは人間の食物にはならぬから、背に腹はかえられないというので、焼畑民が森林を伐り開いても、それに文句がいえるだろうか。そんなことをいったらわれわれの祖先が苦心して水田を作ってきたことも、環境破壊を伴わずにやれるわけのものではない。もっと手近かいところでいえば、全国至るところで行なわれているダム工事、堰堤工事、自動車道路の建設などは、どれもみな自然破壊を伴わないものはない。しかし、そうした建設をみな禁止せよといったら、建設会社も困るけれども、またそこで働いている何十万という労働者を、干上がらせることになるのである。すると環境保全が人権問題にまで、からんでこないものでもない。

とにかく国家や自然が対象になってくると、問題の解決がひと筋縄ではゆかなくなる。ケース・バイ・ケースで判断し、処理してゆかねばならない。知識も活用するにこしたことはないが、なにしろ相手が科学の外に超然とした存在だから、最後のきめ手になるのは知識でなくて、知恵であるだろう。知恵をはたらかせた直観である、といったほうがよいかもしれない。そう考えると、学者などとちがって、政治家の仕事というものは、最後はいつでも直観にたよって決断を下してゆかねばならないから、苦労といえば苦労であり、楽といえば楽でもある。しかし、直観は往々にして外れることがあるから、政治に失策はつきものなのであるかもしれない。

さてここまで書いて、一度人類の過去を、人類の歴史を、ふりかえってみることにしたい。平和も人権も、昔から万人の希求するところであったにちがいない。それにもかかわらず、この世紀になってから、二度も世界大戦がくりかえされているし、国と国とのあいだの小さな戦争なら、いまでもあちこちで起こっている。冷静に過去の歴史を見るかぎり、いくら望んでも絶対に戦争がおこらないという意味での絶対の平和などということは、人類の上についに実現しないもので、あるのかもしれない。それはひと口でいったら、どうにもならない人類の業であり、人類が生物の世界を乗りこえて人類になったための、いわば原罪であるのかもしれない。

　平和と戦争だけでなく、人類の世界にはつねに正と邪、善と悪、愛と憎しみといったように相対立するものが同居していて、いくら努力してみても、未来のある時点でそれが平和だけの世界になったり、善だけの、あるいは愛だけの世界になったり、するようなものではなさそうに見える。百年河清を俟つ[1]がごとしという言葉があるが、百年どころではない。釈迦やキリストの生きていた時代から、もう二千年にもなろうというのに、こういうことはいっこうによくなっていない。科学が進歩して遺伝子工学の時代が来るかもしらないが、マスコミの毎日伝えるニュースによると、悪質な犯罪がどこかで絶え間なく起こっているかのようで、まじめに考えるひとは、こんなことでよいのかと、おもうにちがいない。それにもかかわらず、今日の科学も今日の宗教も、この現状を打開し、これをコントロールするだけの力を、残念ながら持ち合わせていない。

そこで、いままでいってきたことを前おきとして、これからがいよいよその締めくくりであり、それがまた現在私の到達している宗教観といってもよいのであるが、それをご参考までに述べさせてもらう。先きにもいったとおり、平和か戦争か、あるいは開発か保全か、といったような問題は、相手が国家とか自然とかいう大きな存在であるので、じつはわれわれの一人一人にきめ手などないのである。開発をよいとすれば保全は悪いことになり、保全をよいとすれば開発が悪いことになる。どちらも成りたつという意味で、こういう対立概念を相対的といってもよいであろう。もっとわれわれにとって身近なことでも、その正邪善悪をきめる基準というのは、各自の所属する社会の安寧秩序を維持するために、これは善でありこれは悪であると、われわれ自身で定めた価値観、あるいは価値体系にしたがっているだけであって、時代とともにわれわれ自身も変わってゆくように、こうした価値観というものもまた、すこしずつ変わってゆくものであろう。

私がダーウィンの進化論にあきたらない理由の一つは、適者が生きのこり、栄え、不適者は滅びるといった彼の考えにある。これを裏がえして生きのこったらよいのだ、勝てば官軍だ、というように解しているひとが、いかに多いことか。そういった価値観のはいる、あるいははいるおそれのある進化論を、一切排除して、あるがままの自然に立脚した結果、私の「変わるべくして変わる」という進化論が、生まれてきたのである。生物の世界のみならず、人間の世界もまた長い眼でこれを見れば、あらゆる価値観や議論を超え、変わるべくして変わっているのでないだろうか。

しかし、あらゆるものが変わるべくして変わるというのは、どこまでも現象に即したものの見方である。いいかえたならばわれわれの世界には、絶対不変なもの、永劫不滅なものはない、という見方になってしまう。世界観として、それでもよいのかもしれない。しかしまた、世界観としてそれでは物足りない、あるいは十全でない、というひともいるかもしれない。私もいまは進化論を超えて、そういった見方に近づきつつある。つまり、平和と戦争、善悪などといった一切の相対的対立の彼方に、死生さえも乗りこえた彼方に、やはり絶対不変、永劫不滅な、絶対なるものを想定しないかぎり、そのひとの抱く世界観は片端の世界観であるとおもう。そして、ここは大事なところだとおもうが、この絶対なるものを私は想定するといったが、それは私が頭の中で想定したり、仮定したりするものではなく、また無限に遠い彼方にあってわれわれの感触できないようなものでもなくて、現にこの世界にあって、われわれと共存している。ただ現象界のように四六時中われわれと密接しているのでなくて、ときどきちらりとその片鱗を現わすにすぎない。片鱗といえどもそれを感触したものにとっては、もはやその存在を否定することはできないであろう。最後にもうひと言つけ加えておくと、この絶対なるものは、ただ絶対であるというだけで、われわれの日常生活には、まったくなんの関係ももたない、ひたすらに宏大無辺なものであるかのようである。絶対なるものはどこまでも絶対なるものとして、これを下手に相対化したり、あるいはしいてわれわれとの関係をつくりあげたりしないところに、その値打ちがあるのでなかろうか。

（一九八一年　七九歳）

好ききらい

好ききらいということは、なにによって生ずるのであろうか。人生にとって、かなり大事なことのようにおもえるけれども、今日の科学ではまだその正体が、つかめていない。手近な例をあげると、食べ物にたいする好ききらい、ということがある。これは食べ物のうまいまずいとは、かならずしも一致するものでないらしい。うまいまずいは味覚の問題であり、また体調によっても左右される。満腹しているときには、うまいものを食っても、うまいとおもわないことがある。うまいまずいはわかるのだが、それにもかかわらず、まずいものでもなんでも食うひとがいる。このひとはつまり、食べ物にたいする好ききらいがないのである。子供のときからおかあさんに、好ききらいをいわないで、なんでも食べなさいと、しつけられているのかもしれない。

いくら好きな食べ物でも、毎日つづいたらいやになる。動物だってチンパンジーぐらいになると、こういう傾向がはっきり出てくる。動物園の飼育係の苦心するところである。好ききらいの根底には、感覚的なうまいまずいとは無関係に、なにかそのときの、からだ自身の、あるいはからだ全体からくる要求といったものがあって、その要求がすなわちそのとき欲する好きなものであり、そのとき欲するものを食べたら、おそらくそれが口にもうまいものとして、感ぜられるのであろう。だから、十人寄ればその十人が、そのときそれぞれに、ちがった食べ物にたいする要求をもっていても、おかしくないはずである。

食べ物の話はこのぐらいにして、以上にのべたようなことを、人生一般に押しひろげることができるだろうか。いままでの道徳規準からいえば、好ききらいに従うのはわがままであり、放埒（ほうらつ）を許すことになるであろう。しかし、考えようによっては、好ききらいに従うことこそ、その人間にとっての自由のはじまりであり、自由のないところに個性をはぐくむ余地などありうるはずがないのである。これをもすこし強調すると、個性の強い人間というのは、好ききらいの強い人間であり、いつでも好きをとってきらいを捨てようとする、わがまま人間であるということに、なるかもしれない。

　じつをいうと、私はいま私の人生を顧みて、こんなことをいっているのである。私は若いころから好ききらいがはっきりしていて、いつも好きなほうをとってきた。ある情況のもとで、どちらか一方をとらねばならなくなったとき、私は頭で考えたり、理性の判断を待ったりしないで、からだ全体の要求するところに従うのだが、その行為を表現するのに、ここでは好きなほうを選ぶ、といってみたにすぎない。ただし、そういうわがままな行為を可能にするためには、世の中のわずらわしさにたいし、つねにある間隔をおいておく必要がある。世捨て人になるのでなくて、大衆の盲点に安住の地を見いだすのであろう。

　ここまで書いて、もう一つ気になるのは、そういう好きなことばかりを追っていて、なんのコントロールもなかったら、耽溺におちいり、ついには自滅するのではなかろうか、と心配するひとのいることである。しかし、好きなものを鱈腹食って、死んだという人間はいない。人間どころか、動物だってそんな動物はいないであろう。では、そのときなにが食いすぎぬようコントロールしているのか。意志の力か、それとも理性のはたらきか。欧米人はとかくそういったところに説明を求めようとするが、彼らは動物にも失敗がないということを忘れている。あるいは頭というようなからだの中の特殊な部分でなくて、からだ全体によるコントロールである、ということを忘れている。酒に酔えば頭によるコントロールは利かなくなる。それでも経験を積めば、もうこの辺で飲むのをやめたほうがよいというときを、からだ全体でおぼえるようになる。

私をつかまえて、あんたは好きなことばかりしてきてよかったなと、まるで私が苦労知らずの、楽な生活ばかりを送ってきたかのようにいうひとがある。そう見えるのであろうか。しかし、好きなことを求めてこれを実現さすまでには、人一倍の忍耐も努力も必要だということを、知るひとはすくない。学問はもとより、探検しかり、山またしかりである。よくぞ好きなことばかりしてきたものだ。あとにはなんの悔いものこっていない。

（一九八一年　七九歳）

註

曼珠沙華

1［ダーウィン］チャールズ・ロバート・ダーウィン（一八〇九―八二）。イギリスの地質学者、生物学者。測量船ビーグル号で世界を周航し、動植物、地質を観測したのち、自然淘汰による進化論を提出。『種の起原』を著した。

虫の音

1［満目蕭条］見渡すかぎりもの寂しいこと。

わが道

1［クレメンツ］フレデリック・クレメンツ（一八七四―一九四五）。アメリカ合衆国の植物生態学者。**2**［エルトン］チャールズ・エルトン（一九〇〇―九一）。イギリスの生態学者。食物連鎖、生態的地位などの概念を確立。**3**［エスピナス］アルフレッド・ヴィクトル・エスピナス（一八四四―一九二二）。フランスの社会学者、哲学者。著書に『動物社会』。**4**［蒙古］モンゴル。中国の北辺、シベリアの南、新疆の東に位置する高原地帯。**5**［霊長類研究所］京都大学霊長類研究所は、一九六七年、霊長類学の総合的研究を目的に設立。五一年に「霊長類研究グループ」を発足させた今西錦司も、設立に際して尽力。**6**［柳田国男］日本民俗学の創始者（一八七五―一九六二）。『遠野物語』『海上の道』『蝸牛考』など著書多数。

カゲロウの四季

1［礫］小石。

相似と相違

1［烏合の衆］カラスの群れのように、規律も統一もなく寄り集まった群衆。**2**［本書］今西錦司の理論的著作第一集『生物の社会』（一九四一年）を指す。「相似と相違」は同書の第一章。

私の自然観

1［インセスト］近親相姦。**2**［極相林］群落全体で植物の種類や構造が安定し、大きく変化しなくなった森林。**3**［エラボレーション］認知的誘引性付加。誘因性の高い認知特性が意図的に付加されること。

山の大きさ

1［造化の妙］創られた天地万物が不可思議なほどすぐれていること。

探検十話

1［汎神論］万物に神が宿っており、いっさいが神であるとする宗教・哲学観。**2**［R・C・C］ロック・クライミング・クラブの略。一九二四年に岩登りをする目的で藤木九三らが結成した山岳会。**3**［三ノ窓のチンネ］北アルプス剣岳三の窓東側にある大きな岩壁を持つ尖峰。**4**［北岳のバトレス］北岳の東面にある大岩壁。南アルプスを代表する岩場。**5**［樺太］オホーツク海と間宮海峡のあいだにある細長い島。サハリン。**6**［白頭山］中国と朝鮮民主主義人民共和国（北朝鮮）の国境にある山。**7**［K2］カラコルム山脈にある山。エベレストに次ぐ世界第二位の高さ。K2はKarakorum No.2、カラコルム山脈測量番号2号を意味する。**8**［蒼穹］青空。**9**［ステッペ］草原。**10**［スタンレー］ヘンリー・モートン・スタンリー（一八四一—一九〇四）。イギリスのジャーナリスト、探検家。アフリカでデヴィッド・リヴィングストンを救出した人物として有名。

進化からみたオスの明暗

1［ラマルク］ジャン＝バティスト・ラマルク（一七四四—一八二九）フランスの博物学者、進化論者。用不用説、獲得形質の遺伝による進化思想を展開した。

生物レベルでの思考

1［実生］種子から発芽したばかりの植物のこと。

宗教について

1［百年河清を俟つ］常に濁っている黄河が澄むのを待つ。いつまでも待っていても実現のあてのないことをいう。

今西錦司

いまにし・きんじ（一九〇二〜九二）

生態学者、文化人類学者、登山家、探検家

生まれ

明治三十五年一月六日、京都西陣の織元「錦屋」の長男として誕生。父平三郎（三代目平兵衛）、母千賀。祖父母、父母、おじおば、店の番頭、丁稚、女子衆、飯炊き女、下男など三十人ほどの大家族の中で、家を相続する長男として遇されることで、自然とリーダー的パーソナリティーが育まれる。

昆虫採集

幼少の頃から、ヒキガエルやコオロギの遊ぶ家の庭、祖父が上賀茂に建てた家の庭で、人工の加わらない自然の植物や虫と親しむ。小学校三、四年頃から、蝶の標本採集箱を作成。将来昆虫学者になることが夢となる。

山

小学校時代はからだが弱かったが、京都一中入学後の愛宕山遠足で頂上一番乗りをしてから、からだに自信がつく。以後、山登りに熱中、土日を利用して近郊の山にさかんに登頂する。最初は、わらじ、脚絆、金剛杖という装備だった。頂上につくと万歳三唱が慣わしで、大声で叫ぶことで俗気を吐き出した。一九二一年に入学した第三高等学校山岳部では、放課後、ザイルで窓から降りたり、校庭の松の木を伐ってたき火の練習をした。落第スレスレの出席日数を調べ、最大限欠席して山へ。一年の三分の一は山で過ごした。以降、年間四十山の登山計画を元旦にたて、八十五歳まで、一五二二の山に登った。

家族

一九二八年、末妹の友人で、画家の鹿子木孟郎の長女園子と結婚。二男二女。家族と暮らした下鴨の家は自ら設計。庭には、虫、犬猫、鶏、青大将が闊歩していた。加茂川に近く、家の洗面所でカゲロウの幼虫を飼育、応接間を閉鎖して亜成虫から成虫をかえらせたという。

研究

昆虫学にはじまり、生態学、生物社会学、文化人類学、霊長類学など、既存の学問領域に収まらず、棲み分け理論、種社会を基礎とする今西進化論、自然学を提唱した。常に未知の学問領域に分け入り、説換えも辞さず、自由な態度で研究に取り組んだ。

もっと今西錦司を知りたい人のためのブックガイド

『生物の世界』講談社文庫、一九七二年

初版本の刊行は一九四一年、戦争への応召を予期した著者が、「遺書」として執筆した一冊。本書は「私の自画像である」と序文にあるとおり、科学書ではなく、「科学論文が生れ出ずるべき源泉」であり、つまり今西の生物学研究を支える哲学が綴られている。死物を扱う生物学ではなく、生きて動いている生きものの学を提唱。生物の発生、構造の根本に切り込み、環境論、社会論、歴史論と、オリジナルな世界観が展開されている。

『進化とはなにか』講談社学術文庫、一九七六年

ダーウィンをはじめとする突然変異と自然淘汰説に基づく正統派進化論に疑義を呈した著者の、進化に関する文章を収録。著者の自然観、生物観が反映された今西進化論を知るには格好の書。

『初登山 今西錦司初期山岳著作集』斎藤清明編集、ナカニシヤ出版、一九九四年

十四歳の夏休みの富士登山について夏休みの日記に綴った文章にはじまり、二十九歳までに書かれた山にまつわる未発表原稿（全集未収録）を集成。自筆地図も初公開されている。

『評伝今西錦司』本田靖春、岩波現代文庫、二〇一二年

山登りにおいても、学問においても、いつも地図のない未知の場所を目指した開拓者で、梅棹忠夫、中尾佐助、川喜田二郎、伊谷純一郎、河合雅雄など（今西グループと称される）、数多くの優秀な後進研究者を育てた今西錦司の生涯を、ノンフィクション作家・本田靖春が敬愛の念をこめて綴る。

本書は、『増補版 今西錦司全集』（全十三巻＋別巻一、講談社、一九九三〜九四年）を底本としました。

表記は、新字新かなづかいに改め、読みにくいと思われる漢字にはふりがなをつけています。また、今日では不適切と思われる表現については、作品発表時の時代背景と作品価値などを考慮して、原文どおりとしました。

なお、文末に記した執筆年齢は満年齢です。

STANDARD BOOKS

今西錦司　生物レベルでの思考

発行日――2019年2月13日　初版第1刷

著者――今西錦司

発行者――下中美都

発行所――株式会社平凡社
東京都千代田区神田神保町3-29　〒101-0051
電話（03）3230-6580［編集］
（03）3230-6573［営業］
振替　00180-0-29639

印刷・製本――シナノ書籍印刷株式会社

編集――大西香織

装幀――重実生哉

ISBN978-4-582-53169-5
NDC分類番号914.6　B6変型判（17.6cm）　総ページ224
平凡社ホームページ　http://www.heibonsha.co.jp/

STANDARD BOOKS　刊行に際して

STANDARD BOOKSは、百科事典の平凡社が提案する新しい随筆シリーズです。科学と文学、双方を横断する知性を持つ科学者・作家の珠玉の作品を集め、一作家を一冊で紹介します。

今の世の中に足りないもの、それは現代に渦巻く膨大な情報のただなかにあっても、確固とした基準となる上質な知ではないでしょうか。自分の頭で考えるための指標、すなわち「知のスタンダード」となる文章を提案する。そんな意味を込めて、このシリーズを「STANDARD BOOKS」と名づけました。

寺田寅彦に始まるSTANDARD BOOKSの特長は、「科学的視点」があることです。自然科学者が書いた随筆を読むと、頭が涼しくなります。科学と文学、科学と芸術を行き来しておもしろがる感性が、そこにあります。

現代は知識や技術のタコツボ化が進み、ひとびとは同じ嗜好の人としか話をしなくなっています。いわば、「言葉の通じる人」としか話せなくなっているのです。しかし、そのような硬直化した世界からは、新しいしなやかな知は生まれえません。

境界を越えてどこでも行き来するには、自由でやわらかい、風とおしのよい心と「教養」が必要です。その基盤となるもの、それが「知のスタンダード」です。手探りで進むよりも、地図を手にしたり、導き手がいたりすることで、私たちは確信をもって一歩を踏み出すことができます。規範や基準がない「なんでもあり」の世界は、一見自由なようでいて、じつはとても不自由なのです。

このSTANDARD BOOKSが、現代の想像力に風穴をあけ、自分の頭で考える力を取り戻す一助となればと願っています。

末永くご愛顧いただければ幸いです。

2015年12月

ロゴマークデザイン：重実生哉